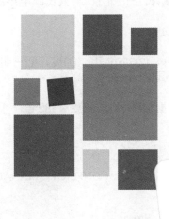

U0320553

# 设计

## Designing Together

## 团队协作权威指南

［美］ Dan M.Brown 著　刘毅斌 译

人民邮电出版社
北 京

**图书在版编目（C I P）数据**

设计团队协作权威指南 ／（美）布劳恩
(Brown, D. M.) 著；刘毅斌译. -- 北京 ：人民邮电出版
社，2015. 12
　ISBN 978-7-115-40444-2

　Ⅰ．①设… Ⅱ．①布… ②刘… Ⅲ．①设计师－组织
管理学－指南 Ⅳ．①T-29②C936-62

　中国版本图书馆CIP数据核字(2015)第231482号

### 版 权 声 明

◆ 著　　　　　［美］Dan M.Brown

　　译　　　　刘毅斌

　　责任编辑　赵　轩

　　责任印制　焦志炜

◆ 人民邮电出版社出版发行　　北京市丰台区成寿寺路 11 号
　　邮编　100164　电子邮件　315@ptpress.com.cn
　　网址　http://www.ptpress.com.cn
　　固安县铭成印刷有限公司印刷

◆ 开本：720×960　1/16
　　印张：16.75
　　字数：309 千字　　　　　　　2015 年 12 月第 1 版
　　印数：1 – 2 000 册　　　　　2015 年 12 月河北第 1 次印刷
　　著作权合同登记号　图字：01-2013-9197 号

定价：49.00 元
读者服务热线：**(010) 81055410**　印装质量热线：**(010) 81055316**
反盗版热线：**(010) 81055315**

# 前言

# 冲突、协作与创新

任务的分配总是看起来那么不可理喻：在为某个著名消费品牌开发网站的时候，设计，指的是对于某些关键网页的整体构思——主页和一些其他次级页面的关系。除了构建设计的总体方向，项目还要求网页对不同的终端做出响应——自适应各种不同尺寸的屏幕，以对应智能手机、平板、笔记本电脑以及更大尺寸的显示器上不同的浏览器。

该项目的开发周期也许是一个月，或者是六周时间。在这段时间里，我们的团队负责制定设计方向，并准备好一个原型来演示网站在不同尺寸浏览器上的工作状况。

我们面临着一大堆问题，甚至已经超出了能描述的范围。客户坚持的框架是我们不能接受的。尽管类似的障碍会妨碍我们开展项目，但是我们还是选择接受任务。因为我们从项目中学到的东西，值得我们力之冒险。

通常情况下，大多数项目的计划中会安排一到两周时间来验证原型设计。团队汇聚在一起，连续四五天时间，我们把自己关在一个房间里，拼凑出第一个原型的草案。在这一周里，团队建立了基本的代码框架，总结了一些关键平台的尺寸特点，开始调试响应行为，还制作了很多种风格的视觉元素。这是一次涉及很多动态部件、诸多不同领域的团队成员，以及大量方案草稿和并行编程的大规模协作。

作为这次任务的一员，我时常停下脚步，试着从不同的角度观察我的团队。这就像我结婚前收到的忠告一样：进了婚姻的门，问题会接踵而至，你必须学会忍耐和清醒的反思。在那些停下来的时刻，通过观察团队的运作，我能看见网站设计（也有可能是所有的设计）的实践在发生着改变。这种协作的精神，这种在运作良好的机器中发掘效率和成就的精神，在任何其他地方都闪耀着光芒。它在我同事的职业发展目标中体现出来；它与求职者的对话中体现出来；它在我们和其他客户与项目之间产生共鸣。

尽管项目汇集了所有不可思议的设计创意，但是我们还是搞定了。是协作让我们在充满冲突的环境中，能够在不伤害彼此的情况下完成这一创举。

# 本书内容

团队设计是一本关于协作和冲突的书，这两方面是平等的，但是施加给设计团队的压力却不相同。本书分为 3 个部分。

第一部分的重点是**基础知识**，解释了设计师作为参与者在团队中的地位，同时回答了这个问题："为何协作和冲突对创新如此重要？"

1. "当设计师成为参与者"这一章描述了当设计师作为团队一员时的角色和地位。

2. "设计师的心态"这一章借鉴了卡罗尔·德威克的研究成果，来解释为何设计师需要保持正确的态度。

3. "倾听，必不可少的技能"建立起了一些最基本的技巧准则，用于推动协作并对冲突善加利用。

第二部分重在**理论**，所建立的理论框架和语言用来帮助设计师思考并讨论协作与冲突。

4. "冲突在设计中扮演的角色"一章解释了冲突在设计进程中的关键作用。

5. "评价冲突：到底错在哪里"一章给出了评价创造性项目中出现的困难情况的意见。

6. "冲突模型"一章对冲突进行了归纳和提炼，揭示了各种现实情境和设计师的个性特质以及行为模式之间的关系。

7. "协作的原理"一章描述了创意团队中协作的动态表现以及理想中的协作表现。

8. "协作的四种良好品质"一章指出了协作环境中的四个指导性的行为原则。

最后的部分，作为参考，总结了实用的工具，用于评估设计师和复杂的情况下，以及为处理冲突和培养协作战术行为。

9. "现实情境：设计中的各种状况"一章进一步详细描述了各种困难的对话和事件。

10. "个性特质：如何审视设计师"一章探讨了设计师的工作风格或个性等方面的内容，解释了人们同团队互动的本质。

11. "处置模式：如何找到解决方案"一章提出了一些帮助人们解决困难局面的行为指导。

12. "行为习惯：协作品质的体现"一章研究的是那些能够促使协作更加有效的习惯。

# 本书将帮助你打造强大的团队

本书研究的是团队动态方面的内容，主要是影响团队协作的机制性因素。具体来说有以下 4 个方面。

▇ **情况**：人们给设计项目带来的那些障碍，作为冲突模型的构成之一，我将它称为"现实情境"。

▇ **行为**：人们解决上述矛盾的做法，同样，我称之为"处置模式"和"行为习惯"。

▇ **心态**：项目的参与者对待具体情况的看法和态度。

▇ **协作品质**：驱使创意团队不断走向更高目标的原则性要素。

本书还是有些文学鉴赏价值的（我这是自卖自夸）。大多数关于团队的书都直接面向设计团队的领导层。它们涉及的主题多是诸如"如何组织会议""如何构建项目"或"如何面对客户"这一类的管理学内容。

本书的目光集中在那些战斗在一线的设计师们身上。读本书的人应该是那些项目中某个部分的负责人，不一定要是领导、项目经理或关键的投资方代表。任何做设计生意的人都可以来读本书（增大销量有什么不好？），因为项目团队中的每个人都对项目成败负有责任。

## 导读：我该从哪里开始阅读？

▇ 如果你是初次接触这些内容，那我建议你从第 1 章开始，那里对设计师在现代创意团队中的角色定位做了详细的介绍。

▇ 如果你所在的项目或团队出现了一些问题，也许你可以先从第 4 章开始，看看问题出在哪里，以及有哪些解决的办法。

▇ 如果你所在的项目团队在协作方面做得已经很好了，那你或许可以直接从第 7 章开始，看看还有什么改进的空间。

# 本书将改变你的思维和行为

本书最终还是落实到行为习惯上的。这里的行为具体指那些帮助设计师理清复杂情况、带来更好项目结果的行为。行为端所发生的微小变化会产生积极的效果，它能够给身处困境中的人们带来希望，建立起建设性的对话。在协作中引入一些新的行为，还能改善紧张的内部关系，把竞争变成合作，构筑一个互帮互助的良好氛围。正确的行为取决于正确的心态。

第 2 章讲的就是心态，心态决定一个人如何发觉具体情况、他们的感受以及做出的第一反应。心态和行为紧密相连。在具体情境中，一个人的心态直接影响着他们的反应和行为。然而，心态是能够被引导的，也就是说，人们可以跳出固有心态的束缚，选择不同的方式来应对问题。

请时刻谨记：人的心态能够影响行为，反过来行为也能影响心态。当你决定克服自己的心态而采取不同的行为时，你便有机会来影响你看待和应对这个世界的方式。

# 理想目标：创建伟大的团队

定义伟大团队的方式多种多样。某种意义上来说，"伟大"是由"结果"来定义的。用脚后跟想一想都知道，伟大的团队肯定能创造出伟大的产品、伟大的建筑、伟大的软件、伟大的一切。但是，单靠结果还不足以证明团队的伟大。

如果一个项目把设计师搞垮了，你还能说它伟大吗？如果项目脱离了实际，由一个控制欲极强的变态来组织，他用尽各种手段来打压有意义的贡献，你还能说这个项目是成功的吗？

伟大的团队创造伟大的产品，但是更重要的是，他们提供给团队成员的挑战不会遥不可及，在这样的团队里，你总是有很多机会去做出有意义的贡献。

这一方面会导致设计师出现一些不好的习惯——变成工作狂，耗尽最后一滴血跟别的设计师竞争，对客户形成一种误导。如此说来，伟大团队的特征应该是这样的——机遇与挑战并存，但是这些机遇和挑战能够把设计师迎难而上的本能转化为一种健康积极的习惯。本书正是这样的一本指南手册。

## 设计师乐于迎接挑战

人们对设计师有一种比较普遍的认识，他们认为设计师都比较傲慢，其实，如果你愿意花点时间和设计团队共事的话，你会发现，能把他们团结在一起的只有一样东西，那就是——挑战！

具体来说，这些挑战包括以下内容。

■ **基于现实世界的所有问题**：他们都希望自己创造出的产品能够真真切切地改变人们的生活。

■ **公平合理的限制条件**：他们都知道，解决问题的最佳途径应该是在合理的条件下。

■ **追求新的事物**：他们喜欢跟新事物打交道，但是有时候，所谓的"新事物"其实等于"新瓶装老酒"。

■ **知音并不难觅**：他们都深知一点，任何产品都有它的价值，即使是最稀奇古怪的东西，都会有人青睐。

■ **站在客户的立场看问题**：他们都知道自己无法完全代替客户的立场和地位，但是他们仍然喜欢代入客户的思维去看待问题。

## 设计师乐于贡献力量

挑战是吸引设计师的一个因素，但不是唯一的。如果设计师所做的事对于解决问题没有任何实际帮助，那么单是挑战无法满足他们。反过来说，一个项目或产品只有体现出设计师的价值，他们才会有兴趣。

具体来说，体现在以下这些方面。

■ **渴望建设性的意见**：给予设计师建设性的意见意味着对他们的关注和肯定。

■ **试图证明自己的价值**：他们总是担心自己的努力对项目毫无意义。

■ **不太懂得拒绝**：他们总是想做出一些贡献，因此要让他们对任务说"不"可不容易。

■ **轻易不会放弃控制权**：每个设计师都对自己的工作抱持一种"自私"的

态度，通常会轻易做出妥协和让步。

- **甘愿做出适度的牺牲：**他们都知道做出有意义的贡献不容易，但是"阳光总在风雨后"。

迎接挑战和做出贡献的欲望，如果引导得当，将成为积极性的源泉。本书的目的就是依靠这些欲望来培养良好的习惯，最终为那个健康、快乐而又伟大的团队服务。

## 本书读者对象

创意团队有万千形态。有些只有寥寥数人，有些则是数以百计。有些团队包括一些跟设计无关的角色，例如协调和管理部门，有些团队则只需要把精力聚焦到"创新"上即可（事实上，我不太喜欢这种划分方式）。

这本书在描述冲突模型和行为习惯时并没有对团队的结构、规模或地域性做出任何假设。

- 无论团队规模如何，也不管成员角色是否重叠，他们都需要找到一个切实有效的合作途径。

- 无论你面对的是团队内的投资方代表，还是其他咨询机构，尽管团队和客户打交道的方式会有所不同，但是沟通和协作遵循的原则与精神实质都是一样的。

- 随着信息技术的发展，团队对地域性的要求越来越低。不管你的团队在何种程度上依赖于远程办公环境，这些行为习惯都有助于改善协作环境。

## 本书对设计师的意义

如果你是团队中的参与者，你将学到以下知识。

- 如何去做一个更优秀的倾听者，这是设计师必备的技能之一（见第 3 章）。

- 如何辨别、分析，并处理复杂情况（见第 5、6、9 章）。

- 如何认识自己的态度和行为表现，如何培育良好的习惯，直至成为更加出色的贡献者（第 2、10 章）。

■ 如何将新的行为和习惯融入自身从而成为更优秀的参与者（第 11、12 章）。

■ 如何跟你的上级提需求和建议（第 7 章）。

■ 如何发掘团队中存在的潜在问题（第 8 章）。

## 本书对团队领导的意义

作为团队的领导或管理者，你将学到以下知识。

■ 如果你想率先垂范并激励你的团队成员们提高工作效率，需要什么样的习惯（第 12 章）。

■ 衡量团队价值的应该是他们为彼此之间以及同投资人之间的互动所做的努力（第 8 章）。

■ 如何鉴别团队成员的某些出乎意料的态度以及改变他们的做法（第 2 章）。

■ 如何评价团队成员，并知道他们在什么情况下会变得更高效（第 1、10 章）。

## 本书的特色

乍一看，你可能会把本书理解成其他的类型。

■ **本书不是一本关于头脑风暴的技术贴**：外面关于如何组织头脑风暴之类集思广益的活动的指导性文章和书籍，这方面你可以参阅 Dave Gray、Sunni Brown 和 James Macanufo 所著的《Gamestorming》。

■ **本书也不是提升团队凝聚力的练习帖**：同样，有很多书都能成为创意团队（或从业人员）的创意实践指南，你可以参阅 David Sherwin 的《Creative Workshop》。

■ **本书不是如何开展集体活动的操作手册**：集体活动（部门会议、个人会面）总是离不开协作，很多设计师都对这方面的内容颇感兴趣。本书也会提出一些这方面的观点，想了解更多，请参阅 Russ Unger、Brad Nunnally 和 Dan Willis 的《沟通的技术——让交流、会议与演讲更有效》。

■ **本书也不是如何组织项目管理的操作手册：** 良好的协作依赖于管理有序的项目，然而本书关注的是参与者的行为，而不是项目的管理与组织形式。这方面的知识请参阅 Scott Berkun 的那本经典——《Making Things Happy》。

头脑风暴、团队凝聚力、集体活动，以及项目管理都是协作的重要组成部分，但还不能全面地用于对协作行为的描述。

## 关于措辞的说明

仔细看来，本书中有很多句子存在语法上的矛盾，请你多多包涵，我这么做是故意的，其目的在于以下几个方面。

■ **尽量防止你对号入座：** 本书中我尽力避免使用"你"来进行陈述，尽管我希望你能够找到一些有用的观点，但是我不想拿你来作为反例。

■ **尽量避免性别差异：** 书中我尽量使用复数代词来充当角色，绝不会出现"女司机"这样性别指向明显的说法，我是平权主义者。

■ **尽量避免行业差异：** 书中所指的"产品"是一个宽泛的概念，只要是设计师做出来的东西，无论它是一个包装盒还是一幢建筑，都是"产品"。之所以不针对特定的行业，是因为书中的观点适用于所有行业的创意团队。由于我本人是网页设计师，所以本书的很多例子都是来自于这个行业，毕竟隔行如隔山，我去举个武器设计的例子还不如讲个笑话。

# 设计离不开冲突与协作

你的语文老师叫你提炼本书的中心思想时，你只需要拿出下面这句话就可以了。

**成功的设计项目需要有效的协作和健康的冲突。**

在设计这个大的范畴内，冲突只是实现共识的一个过程而已，因此健康的冲突不一定要表现得火药味儿十足。设计项目过程中，团队需要就所有设计方向、产品细节、项目进程，以及其他很多方面的问题做出决策。为了在每个决策上取得共识，冲突是不可避免的。

在冲突中，设计团队的工作目标变成了达成共识，他们的争论为的也是让决策更有说服力。这样的过程是值得的，因为只有通过这样的对话过程才能产生共识。离开了共识，团队成员会找不着北、各自为政，互帮互助就无从谈起。解决冲突有很多途径，最简单的办法就是从理解认识入手：每个人是否清楚设计方向、设计方法、理想的目标，能否自始至终都不放弃协作。这些问题的答案将决定着冲突过后我们面对的是协作还是一片狼藉。

所谓协作，指的是人们工作在一起，去创造那些单靠个人绝对无法完成的事情。成功的协作意味着每个人都在为项目的最终目标贡献着自己的力量。

积极的协作关系会通过让每个人的工作更努力而且更高效来促进团队。通过良好的协作，团队能为每个人带来最好的东西，促使他们和设计概念结合得更好，让每个人的长处和弱点同项目目标有机结合起来。

# 五个要点

全书渗透着 5 个重要的观点。这些概念是本书的基础，了解这些是了解设计团队如何更有效协作的前提。

# 行为习惯

整本书都在时刻提醒读者关注人们在项目和团队中所表现出的行为。不管设计师脑子里想的是什么，最终会对设计团队产生直接影响的还是他的行为。

■ **有些行为具有特定目的：**某些行为也许只有在特定的情形下才会表现出来。例如，"重述别人的话"就是在你想要确认自己听到的信息是否正确时采用的特定行为。

■ **有些行为属于惯用做法**：有些行为是人们在日常设计活动中养成的习惯。例如，"交流进展情况"就是一种每天都会做的一般行为。

■ **有些行为属于健康行为**：健康的行为能够催生更好的设计，让项目更加接近最终目标。

■ **有些行为属于不健康行为**：不健康行为会迟滞项目进展，把同事推向相反的局面。这种用"健康"与"不健康"对冲突进行描述的方式在第4章有详细的介绍。

# 心态

行为是心态的具体体现（或是最直接的反应）。比起本书中的其他那些概念，"心态"渗透在每句话、每个观点，以及每一句忠告中。

**心态是一个人对待周遭世界的看法、态度和应有反应。**

如果设计师具备错误的心态，那么无论是对设计挑战的追求，还是对有意义的贡献，他们都会采取截然相反的行为。错误的心态导致设计师对机遇和情况产生误解。并对他们自身、自己的表现以及同事的行为产生消极的看法。错误的心态是设计师缺乏协作性的罪魁祸首。

# 自我反思

本书假设设计师都乐于反思自己的工作和表现。他们考虑的不仅仅是他们的所作所为，还有他们的做法以及改进措施。

本书还要求设计师们更进一步，反省自己为何会以特定的方式来表现自身的行为。具体来说，就是反思自己的思维习惯以及行事风格。学会鉴别这些行为特质有助于他们克服不健康的行为习惯，并在面对健康但自己不大适应的行为习惯时放下戒心。

# 换位思考

本书中描述的很多行为习惯、价值观念，以及态度都依赖于一个人换位思考的能力。无论你想要解决复杂的客户会议，还是想向同事提供建设性的意见，或是制定项目规则，换位思考都是必不可少的。本书不会专门去讲换位思考的话题，我不认为这种能力是可以通过教育学会的。本书中你只能学到那些对其有所反映的行为习惯和态度。

## 设计的成败

你很难对设计项目进行衡量，因为每个项目都有特殊的目标和条件限制。因此，本书对设计的好坏通过两个尺度来进行评价。

■ **质量**：设计在多大程度上与项目目标相吻合。

■ **效率**：团队接近项目目标的程度。

书中很多忠告都是基于这个定义，它能够让设计师把自己同那些对设计和项目毫无帮助的心态、建议、行为以及状况分别开来。

# 致谢

最后，感谢您阅读本书。设计业务，如同其他一些服务行业一样，正发生着翻天覆地的变化。以客户为导向的服务——医疗、咨询和教育等——行业内部，人们的心态和行为习惯也正经历着类似的转变。

当你手捧着这本书的时候，就表明我并不是唯一一个对此有所察觉的人。感谢你与我一同探索伟大团队的金钥匙。当你读到有关冲突的模型和协作的品质、有关解决冲突的方案以及良好的协作习惯时，我希望你能问问你自己下面这些问题。

■ 我是这样做的吗？我做得如何？

■ 我的团队应该这样去做吗？

■ 在我经历过的项目中，发生过这样的事吗？我们解决得如何？是否还有更好的解决办法？

# 目录

# 第 1 章

# 当设计师成为
# 参与者

设计师，总是团队中最雄心勃勃的人。毕竟那些成功的设计概念和产品享有广泛的知名度。任何行业内，往往那些知名的设计师们会被人们视为唯一一个有远见的人，比如：史蒂夫·乔布斯、迪特·拉姆斯，还有保罗·兰德。然而，所有成功的产品，都不会是某个创意的灵光一闪那么简单。设计师们更喜欢这样的故事，在他们看来这种充满神秘感的体验就是设计的本质，但终有一天他们会看到事实的真相：设计不是个体行为。本书将围绕这一点阐述很多理由。至于"自家后院车库里的天才"这种故事，就算它是真的，您也别指望将来还会发生。无论如何，仅凭设计师个人的构想和努力是很难凑齐设计工作的所有要素的。

本书的最终目的就是想要让使设计师们放下思想包袱。当设计师作为一个参与者的时候，并不意味着他们驾驭、领导和影响团队的地位会不保。我们讨论这个话题时，对"设计师"进行了新的定义，从今以后，那种整天游走在漂亮图纸和概念中的纸上谈兵者不再被我们列入"设计师"之列，我们所指的设计师是那种在大型团队合作中充当潮流的引领者，具有高瞻远瞩的目光和全面视角的角色。换句话说，无论能力大小，设计师首先是一名参与者，而作为一个参与者，并不意味着让出控制权，而是说，设计师要在团队合作中借由合作的力量来寻求控制权。

下面这三点，促使设计师转变为一个参与者。

1. 就算您是所参与项目中唯一一个设计师，也别妄想仅凭一己之力就能完成任务。

2. 作为一个参与者，设计师将扮演许多不同的角色——领导者、协调人、专家、评审、主管，甚至发起人。不管怎么说，您都必须做出相应的贡献，同时担起相应的责任。

3. 要想成为一个有影响力的设计师，您不仅要会扮演各种角色，还得在各个角色之间游刃有余。而这都取决于您对整个团队的认识和了解程度。

本章将诠释这些内容，首先解释一下设计团队的定义。

# 1.1　设计团队的要素

设计团队，是指由一群负责设计并创造产品的人组成的集体。有时候，这个团队被称作"项目组"或"开发组"。就像一个家庭，它有核心成员，在此基础上不断扩展，有时会融入投资方或业内专家（图1.1）。

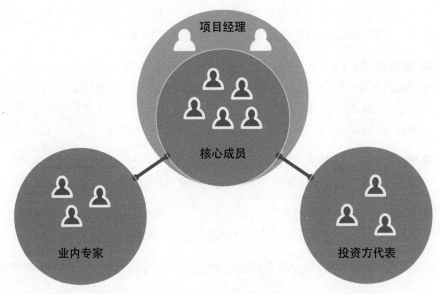

**图1.1 典型的设计团队**

然而，一个团队不仅仅是指构成它的人。一个团队包括人员以及他们所扮演的角色、各自的目标、应用的工具及应用方法、团队运作的组织框架和涉及的参数等。

以上要素是一个团队的主要部分。将这些要素综合起来，我们可以这样理解：如果一个设计师能称得上是经验丰富的话，那么他一定对每个人员的角色、目标和方法都了如指掌。在这里，我还会将这些要素做进一步的细分。

更重要的是，我将为设计团队提供一些原则，指导他们收集并评估这些要素。这些原则是优秀团队获取成功的法宝，也是任何团队避免失败的最后保障。这些因素决定着一个团队是否能从良好的合作习惯中获得最大的利益，这一点在后面的章节中会详细讨论。另一方面来说，这些因素也决定着一个团队是否能够最大限度地化解矛盾，优化合作。

# 1.1.1 角色和责任

一个项目团队通常会为团队成员分配各种角色。这些角色担负着不同的任务，承担着相应的责任。以我的经验来看，大多数设计团队通常把人员分为 4 类。

- **设计师**：负责构思和汇总创意。比如产品的工作原理、外观或功能。一个项目可能涉及多个专业领域，每个领域都有相应的设计专家。这些人中，应由最具创造性视角的那个人来充当"领导者"。

- **项目经理**：这个角色确保团队和成员有效履行其承担的义务，他们负责制订计划，并且确保计划准确高效地执行。不同的项目赋予他们不同的地位：有的项目中，首席设计师身兼项目经理，而且这种职责会得到加强，有的项目中这种职责又会被削弱。

- **业内专家**：这些人（有时是设计师）负责在设计的过程中建言献策。他们可能是产品的使用者，也可能是在该产品领域里解独到的资深人士。

- **投资方代表**：代表投资方的那个人最终对项目的成败负全责。他们手握着财政大权，是这个产品项目的实际拥有者和最终获益者。

其实还有其他角色，但是在我接触过的人中，九成都可以归入这四个类别中。

看起来这些角色似乎挺有趣，但那只是停留在表面罢了，至少在网页设计领域，这些角色枯燥到令人作呕的程度。对我来说，真正有趣的是研究分配角色的原则。

## 术业专攻原则

**在一个项目中，一个人可能扮演多个角色，但身兼数职会使合作的价值大打折扣。**

角色的分配没必要"一个萝卜一个坑"。个人最多只可能充当三个角色：首席设计师，专项设计师和研究助理。

尽管如此，有些角色是不能兼职的。一个成功的项目通常不会让投资方代表兼职设计师，这是为了避免彼此间的干扰。大多数情况下，团队只有在设计活动和商业活动彼此独立的情况下，才会产生最大价值。虽然说这方面史上也有特例，只不过非常罕见。但是话又说回来，设计师有权力也有义务同投资方一起制定项目规划。

## 内部风险最小原则

**在一个项目中，设计师的个性、工作风格和偏好等因素会带来额外的内部风险。**

　　一个项目本身就面对着很多外部风险，因此团队必须尽量避免人员分配等因素带来的进一步内部风险。外部风险主要包括上游对项目的要求、目标、事务权限或设计参数的更改。

　　不合理的人事分配会带来风险，或者不顾对方分身乏术的窘境，强加任务。尤其是小型团队，这个问题更加突出，设计师可能同时要涉及多个项目，要让他对每个任务都做到一视同仁真的很难。

## 进步原则

　　**项目团队应该让参与者感到参与项目对成长进步有积极意义，因为锻炼是人生进步的阶梯。**

　　就算意义不大，参与者至少能够增长一些阅历吧。也就是说，如果项目本身没有什么吸引力，那么就让团队变得有吸引力好了。

## 利益捆绑原则

　　**分出几杯羹来——让每一个参与者都能感觉到自己是该项目的拥有者，这有助于团队成员深刻理解大家奋斗的目标。**

　　成员乐于了解他们的角色，因为项目中的每个角色都不是摆设。他们想知道他们能掌握和驾驭什么，他们得在哪里效力。他们还想知道别人在干什么。总之，别藏着掖着，让他们树立"团队是我家，发达靠大家"的牢固理念。

## 多样构成原则

　　**团队要想取得成功，必须使来自五湖四海、各怀绝技的人们都向着一个共同的目标去努力。**

　　一个项目需要多人合作，常言道："花有百样红，人有百样种"。这种人与人之间的差异，可以成为优势，也可以成为劣势。当团队成员们各显神通、优势互补的时候，这种差异可以成为成功的条件。反之，一旦人心散了，队伍不好带了，这种差异又会成为借口。

## 1.1.2　目标和重点

　　用目标和工作重点来定义设计团队，相当于用角色来定义它。与角色一样，目标和重点也是由外部来定义的。

　　项目目标不仅仅涉及到它的最终状态，如产品的问世、专利的说明、营销的方案、建筑的竣工等，还涉及对外界因素的改变。设计项目通常服务于商业目的，例如卖出更多的部件、吸引更多的客户、创造更多的需求等。

### 意义鲜明原则

　　**不知从什么时候开始，"改变世界"成为雄心壮志的范本。团队成员们更愿意去做一些能够改变人们生活的项目，尽管有时候这种改变微乎其微。**

　　我所见过的大多数设计师优先考虑的是如何改变人们的生活，即使这个项目能带来的仅仅是感官上的刺激。尽管说，身为设计师，也要追逐利益，但是身为知识分子，有时候还是要境界高。所以现在不少设计师会投向公益项目，此时已不是为利，而是为名。

### 立场相符原则

　　**人们会从与他们信仰相一致的工作中得到更多的满足感。**

　　有时候，尽管设计团队担负的项目是有意义的，但是它可能让成员很不爽。您要一群绿色和平主义者去设计一艘捕鲸船，他们肯定感觉像吞下一只老鼠。尽管这些立场和见解是主观的，但是它们可以影响整个团队的工作热情。再牛的设计一旦指向错误的目标，那它也就称不上伟大了。

### 去新奇性原则

　　**一般而言，大家都认为设计师不喜欢去做新发明，事实上也是这样。**

　　尽管一些畅销品牌和牛逼的产品为设计师博得满堂彩，但大多数设计师只是想做一些他们感兴趣的工作。只要日常的工作能够平添几分色彩，他们可能会接受一些极其偏门的设计课题，比如为某个名不见经传的牙科诊所设计一个处理索赔业务的应用程序。

# 1.1.3　技术和方法

一个团队解决设计课题的方法，可以用来定义这个团队。这些方法包括以下几点。

- **方法论**：为实现项目目标，团队所遵循或参考的思想流派、设计理念。
- **进程**：一方面是对生产步骤进行尽可能的细分，另一方面是促进每个成员达到各自目标所需的流程。
- **技术**：用以实现项目中某个特定阶段目标的活动，比如研究用户需求或确定设计方向。"技术"一词意义广泛，可能是正统科学，也可能是旁门左道。从技术上来讲，团队一般基于总体方案和项目目标来确定技术方案。

## 行为适当原则

**依据正确的行为采用适当的技术。**

显然，每一项活动都应该确保项目不断接近最终目标。不言而喻，很多设计团队往往围绕他们习惯性的工作来组织项目，而忽略了项目本身一些具体的需求。

## 新技术原则

**一个项目应当以现有技术的新进展来为设计团队提出挑战。**

好的技术能够适应不同的情况。技术的杠杆作用很大程度上依赖于行为的方式，可能包括以下方面。

- **规模**：您准备做多大。
- **形式**：项目输出什么。
- **深度**：如何具体团队的所得。
- **参与**：从外部引入多少资源到核心团队。
- **附加**：有多少技术需要依赖其他的活动或产出。

例如，回访用户的技术用来收集用户反馈，这一技术在网页设计中很常用。这一技术可能大范围采用新型应用程序。但是，基本的做法没有改变——关注目标受众——但是在用户人数、人员构成与分析手段等环节的把握上，则具有相当的灵活性。

## 1.1.4　项目参数

项目参数是一大堆用来确定项目限制边界的数据。它们一般是如下 3 种类别中的一类。

- **范围：**产品特定的边界或要求，也就是说设计师应当关注产品或市场活动的哪些部分。在网页设计中，项目的范围通常是页面或应用程序，或者是功能的各个方面。

- **时间、资金和地域：**这些"物理"上的限制，就像做多少预算，项目周期和截止时间，团队运作的时间和空间因素等。

- **环境：**该产品将出现的领域。这可以是技术层面的，例如一个特定的服务网络；或是物理层面的，例如一个建筑工地；还可以是虚拟层面的，例如某个组织用于获得新业务流程的领域。

优秀的团队在项目最初期就能搞清这些参数的定义。

### 完整定义原则

**在一个项目中，应尽早定义出项目的框架。**

项目初期，这些参数定义得越精确，设计团队就会越高效。一个设计团队可能被迫花费大量精力去处理项目参数的转换工作，从而没有精力集中在解决设计课题上。在这种情况下，他们会发现，他们可能已经利用很多解决方案替代了原本优秀的解决方案。参数一变，设计面对的挑战相应而变。

### 合理约束原则

**所有参数和边界都有意义，不能随意设置。**

面对设计难题，当设计师发现一个显而易见的解决方案因为一些愚蠢的业务规则或低级的技术问题而不能付诸实践时，那种沮丧可想而知。一个简单的例子是关于交付期限的——如果制定交付期限是基于项目本身的规模，这是合理的；或者是设计方允诺给客户的时间节点，这也说得过去；但是要是基于诸如"季度末"这种天然时间的划分，这就很不合理了。

### 参数灵活原则

**项目团队会用一个范围去衡量参数的灵活性，而不是简单的"是"或"否"。**

限制条件不能生硬死板。成功的项目取决于一些约束条件的回旋余地。例如，交付时限和阶段进度可以是固定的日期（几月几日）或合理的时间段（某月的第一周）。

# 1.2　设计团队是一个凝聚的整体

构成设计团队的元素和指导项目构造的原则组成一个框架，这个框架看起来是由一些要素、方法和环境构成的。但是，它首先是一群团队成员紧紧抱团的集体。

## 1.2.1　基本价值观

每一个设计团队都有属于他们的基本价值观。没有这些，设计团队无法有效发挥作用。这些价值观决定了团队成员相处的态度。这些基本价值观中最重要的是尊重、谦虚和包容。

### 尊重

设计师通过他们伟大的工作赢得尊重，从而赢得投资方或其他同事的认可。知名设计师可能会得到其他设计师的尊重，但那是由他在市场上取得的成功带来的，一旦这些人孤傲，或者难以接近，或者在工作中被证明为不合格、不胜任，那这种尊重是很容易丢掉的。伴随尊重而来的是信任，这是一种依赖于团队中其他同事的能力。

### 谦虚

当项目和团队成功时，人们只能说自己做了多少贡献，千万别说自己"拥有整个团队"。我在早期的职业生涯中一直扮演着"超级英雄"，从事着少量的工作，只是提供一些创意。当我参与到一个团队中与其他的"超级英雄"们协作时。这种态度绝不可取。

### 包容

退一步讲，很显然，尊重和谦虚取决于包容。有的人认为，能够充分包容他人的设计师往往能设计出更好的产品。且不论这种观点正确与否，成功的团队很重要的一点就是它的包容性。

■ 协作要求人们直言不讳而且来不得半句假话，但是一点点体贴和理解能够更有效地传达意图。

■ 成功的协作还取决于有没有人能带出最好的同事，成全他人。这种相互支持取决于他是否知道促使他带出队伍的关键是什么。

■ 设计需要不同观点的碰撞，但是绝不是那种撕破脸的、自顾自的、伤害感情的冲突。健康的、富有成效的交涉和那种令人不快的、事与愿违的冲突之间最本质的区别，就是包容。

## 1.2.2　基本要素之外

尊重、谦虚和包容，这些美德为设计团队打下良好的根基，对于一个高效的团队而言是必须的具备的，但这还不够。

就像设计师学习使用那些拓展他们想象力的工具（如软件、笔、纸或模型）一样，他们必须将这些品格内化为他们的性格。这种第二天性一旦通过设计师的行为表达出来，就意味着他们将有无数种方法来推进项目的发展，或是为组员提供各种支持，或是处置各种矛盾。

即使具备尊重、谦虚和包容，团队依然会遇到问题。他们可能不同意有关设计的方向，他们被设计难题困住了手脚，或者他们错误理解了预期。无论是挑战还是机遇，团队都需要形成一个机制，这种机制促使团队能够应对它们，而且能够在不断变化的设计项目中取得优势。这就意味着在学习养成行为习惯的同时（见第 11 章和第 12 章），还要善于转变思维方式（见第 2 章）。

# 1.3 甘为螺丝钉

我有一个理论。就算别的都不说，通过第 1 章的内容您也该发现，我比较喜欢命名事物，所以我又给我的理论起了一个名字——"职业妥协理论"。这个理论是这样的。

**当一个人决心成为一名设计师时，他有一种观点，认为自己将花费大量时间在图纸和原型上，不断定义和完善产品的概念。在他的想象中，这本该占用他的大部分时间和精力。**

**实际上完全不是这样。设计师充其量花费 50% 的时间来制订和完善他们的想法。其余的 50% 甚至更多时间，设计师致力于同他人协作——管理预期、制订项目时间表、收集需求、评估设计方向、商定设计决策等。**

**实习设计师可能得花费整个实习期，来尝试转变这种观点。可是，他们宁愿相信，其他的设计师要么是得心应手，要么就是另辟蹊径。他们以为这种"非设计"工作会阻碍他们凭借能力取得成功。他们甚至以为，只要改变一些做法，他们就能够通过设计实现他们的理想。**

"设计"本身并不是最重要的，现实中的设计不仅仅是玩概念的工作，对一个设计师而言，越早认识到这一点，对自己的将来越有好处。

事实上，产品、消费者、生产周期、市场营销以及商业运作是非常复杂的，一个人绝对无法掌控全局。无论是面向建筑业，还是面向出版业，或是面向消费类电子产品，设计师们都得认识到，自己只是一个大工程中的一个角色。就算在某个项目中，设计师发挥着不可替代的重要作用，没有他新产品就无法问世，他仍有必要坚持这种妥协性的认识。

本章开始时，我阐述了一个团队应具备的因素。列举了提高团队效率的原则。引出了促使团队运转的重要部分：基本的品格——谦虚、互相尊重和包容。最后，是这些基本特征使一个团队凝聚到一起。但是，想要团队取得成功，光有这些还不够。为了取得成功，设计师必须保持平和的心态。所谓平和的心态，就是作为一个设计师，承认自己仅仅是更大成就中的一个参与者而已。

# 获取忠诚

## Erika Hall

*骡子设计工作室（Mule Design Studio）*
*创始人之一，策划董事*

*"今天就要把文件交给我。"*

*"您就放心吧。"*

——看出来了吗，只有在默契的同事间才会有这种交流的语气，他们彼此心里都很清楚，这一天就要结束了，而这份文件不可能再拖下去了。一个组织内，人们之间的交流仿佛是心灵相通的，这种交流是自然发生的、下意识的行为——也就是说，没有多少客套话。抛去了伪善的客套（或措辞严谨的电子邮件）和铮铮誓言，也就避免了不必要的猜忌。而这些猜忌会浪费时间，导致工作效率低下以及沟通不畅。

有效的协作需要承诺，例如提出要求、履行诺言以及随后而来的一系列动作。一个通力协作的团队中，由于大家都知根知底而且彼此信任，因此每个人在说每句话的时候，都可以放宽心。

可以从两个方面来看承诺中互为责任的双方。

■ 一方要求得到承诺并落实。在设计工作中，这通常是董事或项目经理，但这些人很容易变成团队中的其他角色。

■ 另一方则做出许诺。

建立可靠的互信，最大的障碍是对可信度的忧虑和对委托的过高期望。提出要求的一方也许不会提出明确的条款，那是因为他们担心被拒绝。那些还没听清要求就一口答应下来的人，往往是因为他们迫切希望达成协议，有时候也许是希望拉拢对方，有时甚至仅仅只是为了挤掉其他竞争者。当交流想法了解了对方的需求之后，任何一方都有可能退出。也就是说，协议达成都是建立在对另一方的主观预判之上的。

## 如何要求并做出承诺

每当您向同事（客户、供应商）提要求时，请记住以下几点。

■ 提出要求必须明确具体。

■ 一定要有一个时间框架。

■ 最后把上面两点解释清楚，也就是"为什么要在特定时间做特定的事"。

这里举个反例：

*"您去查看一下我们的用户反馈信息吧？"*

如果您提出了这样的要求，那么第二天您去问他的时候，可能会发现同事并没有去做这项工作，到那时您往往会一肚子火，然后严厉地说道：

*"今天下午六点前您必须完成对用户反馈的搜集整理工作，完成后通过电子邮件告知我。我需要每个人都为明天的会议做好准备。"*

如果您没有充足的理由就这样对同事高声说话的话，无论是谁都不会服气，甚至会拒绝您。

反过来，如果您的同事给您一个含糊不清的请求：

*"您去查看一下我们的用户反馈信息吧？"*

在答应之前一定要问清楚截止时间和完成后的工作，就像这样：

*"您什么时候要？完成之后做什么？"*

## 勇于承认错误

人非圣贤，孰能无过？有时候，我们没有那个金刚钻，却不幸揽到了瓷器活儿。出现这种情况时，我们必须清醒地认识到这是自己造成的，我们必须坦白地道歉，并重新作出保证。对有的人来说，这很难做到。"自我保护"和"责任推诿"对于一个团队会造成很严重的伤害。

当然，认错也是有讲究的，除非您能做到，否则不要因为犯了错就不惜一切代价挽回，毫无原则地答应任何要求，这等于在原地栽跟头。正确的做法是勇敢地承担责任，并重新商定相关事宜，这有助于保持您的可信度。一旦意识到出了问题，第一时间举手承认，千万别假装与己无关。如果您对待所说的每一句话，都表现出认真的态度，那么别人就会认为您是一个言而有信的人。

## 然后呢？当然是行动！

如果所有的想法离开了实际行动，那人类一定不可能取得今天的进步。行动是最好的承诺。如果您的团队中每个人都能做到言而有信，那么团队合作的力量将空前强大。如果面对的是很棘手的问题，而对方要您做出的承诺不是一朝一夕就能兑现的话，那么就从小处着手，一步一步去解决。您可以从受领并完成很多小的任务开始——比如在一小时内回复电子邮件或在一天结束前回访客户。请记得，每个单独的请求，都要有具体的要求和明确的时限。

让我们从庆祝每个小小的成功开始吧！ ■

设计机器时，设计师必须认识到，某个螺丝钉可能会失效，但为了不影响到整部机器的正常运转，往往会有冗余设计。然而，当设计师作为一个参与者时则必须意识到，团队没有冗余，项目的成败取决于每一个人的履职尽责。任何一个人的失误都可能导致团队的溃败。为此，身为设计师必须更加积极努力地参与其中，这是为了鼓舞和带动整个项目取得成功。这同时意味着，设计师必须要有主见，既能和他人和睦相处，又能在关键时刻大胆说："不！"

## 1.3.1  主见

一个积极的参与者对于自己应有如下 5 个认识。

各自的角色：每个参与者都必须搞清各自的责任范围，不只是分配到的任务，还有各自的影响力和控制力。

■ **个体的价值：**每个参与者必须知道自己独特的视角，并清楚这种独特的视角在团队解决设计课题时能发挥怎样的作用。

■ **个人的弱点：**参与者必须搞清楚自己有多大能耐，那些类型的任务是自己完成不了或完成不好的。

■ **自身的喜好：**参与者必须在同其他团队成员进行交流沟通的过程中，发掘他们每个人自身的喜好。

■ **自己的目标：**一个好的参与者，每当他从事一个项目时，都能从中找到自己的目标，并通过项目让自己得到提高。

## 1.3.2  与他人和睦相处

设计师当然要有主见，但是作为参与者，您得明白，您毕竟是同他人一起工作的。本章之前提到的"多样构成原则"隐含了一个意思，那就是设计师必须对团队及其成员做出一个预测，其中包括其他成员的个性、能力、偏好和行事风格。可以根据他们的优势来开展工作。既然是一个团队，就要培养出那种成员间各有所长，相互间取长补短的氛围。

因此，参与者必须了解对方的期望并鼓励对方，从而发现对方的特殊偏好和独特视角。这里有几个问题可以用来问问身边的同事。

- 不好意思，打断一下，给我提点意见呗？

- 您的日程没有更改吗？

- 这个项目已经耗了您多少时间了？

- 您是一个细腻的人呢还是一个大大咧咧的人？

- 哪种任务对您来说是小菜一碟？哪些又会花费更多时间？

您能多快回复一封邮件？

## 1.3.3　果断拒绝

作为参与者，设计师应具备一种面对额外要求时果断拒绝的能力。在商量的时候，我选择和您谈并不是说我要同意，其实我的最终目标应是拒绝。有时候拒绝比接受更有价值，这是因为它告诉项目组织者：

- 尽管我参与了讨论，但是我还有一摊子事儿等着做；

- 我必须放下手头的要紧事，才能接受新的请求；

- 当投资方或组织者的要求超出了我们当前的能力范围时，项目和团队都将面临风险。

尽管拒绝多少会让某人感到失望，但是这么做是为了让别人看到您的坦率和真诚。一个人果断拒绝的能力是由如下 3 个紧密相关的因素决定的。

## 什么！无职务雇员？

"无职务雇员"，在本书指的就是"设计师一类的人"。职务，是一种在设计过程中用来提炼和确定用户要求的工具。虽然这个字眼挺诱人，但它存在的目的不是对人进行分类。相反，它们帮助设计团队确定工作和目标，并理出轻重缓急，制订出详细合理的计划——总而言之就是方便分工。

因为某一职务代表着相关行为的集合，所以它是必然是抽象的。用"职务"来抽象地定义一个人，等于否认其个性。它意味着利用一个人应有的反应和行为方式来给他下结论。这么做无异于给一个人贴上某种标签，让人们在认识他之前就对他形成一种不真实的印象——但这只能说明他应该是一个怎么样的人，却不能说明他本来是一个怎么样的人。鲁莽地给某人扣上职务的帽子，对他而言是有失尊重的，因为它削弱了他进步发展的能力。

这是本书并不涉及任何分类模型的主要原因。这本书的目的是为设计师提供一套解决困难的工具，是对事不对人的。

■ **谦虚**：参与者并不需要证明什么。

■ **尊重**：参与者清楚地知道，面对额外的任务，考虑到自己的能力，这种拒绝会得到项目组织者的理解。

■ **包容**：参与者知道组织者了解他，而且组织者有一定的判断能力，他应该知道强迫别人去做更多的工作只会适得其反。

# 1.4　以参与者的身份评价设计师

当设计师最终被贴上"参与者"的标签时，他们总想搞清楚一个问题：如何评价自己？实习设计师想要通过更多的岗位来验证他们的能力和影响力。设计师不断寻找佐证和建设性的反馈意见，之后就需要一种方法，帮助他们来回答这个关键问题："我要如何成为一个更好的参与者？"

## 1.4.1　典型的评价方法

当求职者前来面试一个岗位时，设计团队通常会让他们交上一份履历。对其的评价标准包括以下方面。

■ **效率**：他的加入提高了团队的工作效果吗？

■ **成果**：他的设计能够在目标人群中产生预期的效果吗？

■ **方法**：他是怎么解决问题的？又是如何同他人协作的？

这里可没有提到设计师面对困难时运用了什么技能。当然，他叙述他如何解决设计上的具体问题时可能包含着微妙的线索。

■ 他面对客户和投资方时是否使用过对抗性的语言？

■ 他对业内专家（如营销人员和工程师）持什么样的态度？

■ 他是不是用"输赢"的态度来对待项目难题的？

■ 他会提到在一个项目中获得的成长和进步吗？

也就是说，他们的语言或多或少地反映出某种心态，而这种心态可能决定着他们不适合团队协作。通过询问候选人关于他们的效率、成果、方法方面的问题，设计团队可以听到一些反映受试者是否善于协作的关键词。

## 1.4.2　为什么强调心态？

设计师必须具备尊重、谦虚和包容的品格，这一点没错。但是他们能否取得成功则取决于他们的心态，其中包括以下方面。

■ 他们能否对付新挑战？

■ 他们能否对付不断变化的要求？

■ 他们能否适应新技术和新方法？

■ 他们能否对付棘手的顾客？

■ 他们能否对付棘手的队友？

■ 他们在团队内部人际关系领域可能起到怎样的作用？

伟大的设计师总是对新挑战津津乐道，把困难当作进步的机会，总是试图借机来提升自己的极限。他们的成就感，源于他们在某个项目上学到的新知识、或是推动一个项目走上正轨、或者是同他人合作设计出了新事物。他们不介意为失败留下的汗水，只要他们能够从中得到宝贵的教训。他们从不为他人应得的赞赏而吝惜他们的掌声。

# 1.5 总结

在充分展开有关合作和冲突的问题之前，我首先引出了关于设计团队的一些概念和认识。在一个项目和团队背后有 4 个关键的方面：角色和职责、目标和重点、技术和方法，以及项目参数。

上述每个方面背后都包含着一些决定项目成败的原则。然而，项目的成败还取决于凝聚团队的 3 个因素：谦虚、尊重和包容。

尽管这些因素不一定能保证团队取得成功，也不一定能确保团队越发优秀，但这些因素融合在一起能催生出信任。除了这些原则和因素，我阐述了设计师作为参与者，应该如何以一个螺丝钉的身份参与到一部机器的运转中去的。

■ 意识到自己的优势、缺点、性格和偏好。

■ 承认多元的价值理念。

■ 果断拒绝的能力。

最后，我提到了心态，它是指态度和偏好的一种融合，它直接影响着一个设计师面对设计难题和挑战时与团队协作的效率。

# 第2章

# 设计师的心态

**我**写的第一本书是《传达设计》(Communicating Design), 是关于设计文档的, 所谓 "设计文档", 就是设计师为诸如网页或软件这一类项目创建接口时的文字说明。构思这本书的时候, 我还以为题目没有问题。

没想到的是, 书出版之后, 设计文档不断受到质疑。出现了很多不同的声音, 有些网页设计师认为, 对他们的设计进程而言, 任何形式规范的文档都是累赘。另一些设计师则认为, 如果没有规范的设计文档, 设计工作根本无法进行下去。

看到这些争论, 我发觉在网页设计领域, 沟通的实质已经严重偏离了重点。那些尖酸刻薄的说辞 (还有说出这些话的人) 可能被误导了。大概是因为网页设计师都比较任性, 所以对这些反对的声音我还是比较淡定的。事情看起来是这样的, 有的人认为设计文档已经过时了, 所以他们大可以把这种有用的工具抛到身后。但是, 重点不在这里, 评价一个设计师的标准如果仅仅是他所使用的工具的话, 那是不妥的。可惜这样的例子数不胜数。

我们设计公司开局之处, 我就和我的搭档内森一起, 开始饶有兴趣地观察设计师们的态度, 我们的注意力并不在他们使用工具的方法和技能上。比起这些, 我们认为, 某种程度上来讲, 态度对于他们能否取得成功更加重要。具体说来, 我们关注的是他们分享的意识、同他人默契的程度、快速表达的能力、简洁明快的沟通方式以及审视项目方案的能力。当我们开始涉足更加复杂的项目时, 我们发现那些成功的设计师协作能力更强, 他们能够随机应变, 迎接各种未知的挑战。就算有时候我们面对的只不过是一个实验性的尝试, 他们依然能拿出世界级的专业精神和严谨的工作计划来。显然, 这种态度不是他们生来就有的。如果一定要用一个词来概括这种态度的话, 我能想到的就是 "心态"。

恰巧在那个时候, 内森推荐我去拜访卡萝尔·德威克 [1], 她是斯坦福大学的心理学专家, 专门研究关于心态 (她称之为 "思维模式") 的课题。德威克定义了两种类型的心态——固定型心态和渐进型心态。但那时我还有些浮躁, 并没有深入思考这个问题。

心态已经成为我们认识设计团队行为的重要途径。在这里我先抛出这个概念, 后面我会证明心态如何对设计师产生影响。

---

1 Carol Dweck, 更多关于 Dweck 研究课题的详细信息, 参阅 http://blogs.hbr.org/ideacast/2012/01/ the-right-mindset-for-success.html

# 2.1 心态的定义

上一章引入了"心态"这个概念。当人们面对不同的处境和问题时,心态会对他们的行为产生影响。这一点不难理解,毕竟思想是行为的先导。

## 2.1.1 知觉、态度和决定

在我的定义中,一个人的心态包含三个方面。

- **知觉**:他如何解释他周围发生的事情。

- **态度**:他对待这些事情作何反应。

- **决定**:他如何决定下一步的行动。

在实际工作中,设计师的心态看起来往往是这样的。

山姆从他的经理芭芭拉那里收到一封措辞生硬的电子邮件。

- **知觉**:从字里行间,山姆觉得芭芭拉对他挺失望。

- **态度**:芭芭拉的话让他非常尴尬(也许这是他的直觉)。

- **决定**:山姆决定回复一条消息来为自己辩护。他不一定会发出这封邮件,但是这是他的第一反应。

这里还有一个例子。

芭芭拉交给山姆一个项目,为首要客户的网站设计一个显示搜索结果的界面。

- **知觉**:山姆认为芭芭拉在给他压担子。

- **态度**:山姆觉得他该抓住机会,证明一下自己。

- **决定**:山姆决定认真对待,努力做到最好。

在同一个人身上,这三个方面有机运作的结果基本上总是类似的,也就是说,每一次遇到挑战或冲突时,这三个方面的具体情况都差不多。比如,山姆下次再遇到一个重要机遇的时候,仍然会卷起袖子挥汗如雨。而每次收到上级的批评邮件时，他都会第一时间想到辩解。

心态可能是由深层次的心理因素和个人成长经历决定的，但这并不重要。虽说这些都是下意识的，但它们并不是不可捉摸的，每个人都能感觉到它们，换而言之，每个人都能够去控制它们。当然，山姆可能无法控制这些感想的发生，但在采取行动之前，他完全有机会深思熟虑。不管他的知觉、态度和性格积极与否，他都得三思而后行。如果他的心态变了，那么看问题的角度和行动的方式都会改变。

## 2.1.2　德威克的心态模型

卡萝尔·德威克选择研究心态，最初引起她兴趣的是学生中出现的一些"杰出人物"。她发现，有的学生比别人更加引人注目，通常他们都有某方面的特长，但正是这些人，面对困难时往往又会选择逃避。这些人习惯被光环环绕，一旦遇到一点挫折，甚至只是稍稍不被重视，他们就会是另一副样子。她在《**心态：新成功心理学**》[1]一书中写道：

**具有固定型心态的学生，只会对那些他们有把握做得好的事情感兴趣。一旦事情变得棘手，他们的兴趣和乐趣急转直下。也就是说，如果某件事不能证明他们的光环，他们就没有兴趣。[2]**

她试图通过研究找到原因所在。她发现，时下的父母更乐于通过表扬和称赞来鼓励孩子，这种做法使问题更加严重。人们对孩子的优点的表扬越多，他们对付出努力的行为就越发厌恶。

### 固定型心态 vs. 渐进型心态

德威克把心态分为两类：固定型和渐进型。本质的区别是人们应变的能力。可以想象一下，一个具有固定型心态的人会相信自己生来就是这样，无论怎么努力也无法改变自身，这是自己的宿命。

所以当他们面对挑战的时候，他们过于在乎成败，总是小心谨慎，尽力避免那些看起来会导致失败的事情。而面对失败的时候，无论多小的事，他们都会一

---

1　Mindset: The New Psychology of Success
2　《心态：新成功心理学》，第 23 页。

蹶不振。她提到一个常见的说法，即使像一张停车罚单，或者朋友对自己的无意冷落这种小事，在这些心态一成不变的人内心都可能引起一场风暴。他们尽量避免参与那些能够显示他们真实情况的事情，因为他们害怕出现最坏的情况——他们并没有人们说的那么优秀。

而反观那些具有渐进型心态的人，他们相信艰苦的工作会促使他们进步。德威克的原话是："通过您的努力，能够培养出一种基本的素质，而这种素质就是信心。"[1] 他们把挫折看成是增长见识、取得进步的机遇。

## 为什么心态对于设计师如此重要

心态对设计师来说非常重要，这是因为正确的心态能够将成功的协作和一团乱麻区分开来。对设计师而言，固定型心态可能是毁灭性的。我们来看看下面这些事例。

思维模式对设计师而言之所以重要，是因为正确的思维模式意味将成功的协作和一团浆糊区别开来。于设计师而言，固定的思维模式可能是毁灭性的。我们来思考一下下面这些例子。

### 示例 1：每一天的太阳都是新的

设计师得随时准备迎接新挑战。无论是新的媒介，还是新的行业，或者是面对新来的投资方，设计师都不可能反复面对同样的挑战。如果他具有固定型心态，那么任何新的挑战都会使他变得焦虑不安，大多数时候他们都会沮丧退缩。

### 示例 2：凡事都不简单

在今天，每设计一款新的产品都得处理大量的动态资源。比如网页启动程序，这个看似简单的项目涉及到用户界面、品牌推广、支持服务、工程技术和市场营销等多方面的因素。且不说这个项目算不算新挑战，但是这些因素就需要设计师同各种各样的人去打交道。如果他具有固定型心态，那么他们会尽量避免由他人带来的麻烦。

德威克指出，人们的心态是能够去影响并改变的。如果我们表扬的是学生们努力的行为，而不是努力的结果，那么他们会乐于接受越来越困难的挑战。反之，他们只会躺在功劳簿上，反正不去应对新挑战也不会有什么损失，而选择逃避至少不会引起新的问题。

---

1 《心态：新成功心理学》，第 7 页。

在行业领域，设计师身边可没有一群人整天对他们的努力付出大加赞赏。事实上，设计师收到的赞誉往往来自于对他们工作成果——最终交付的作品——的评价，这种环境不利于他们培养渐进型心态。因此，对设计师而言有一点很重要：尽管设计师这个职业和成败息息相关，但是他们必须培养出渐进型心态，必须成为一个善于合作的人。

设计师必须不断去培养这种心态，这是对自己负责。现在的环境稍微好些，我们引入了反馈机制，随时能够向他们传递建设性意见，有时甚至是批评，这促使他们逐步养成渐进型心态。

然而，接受批评只是良好心态的一个部分。

## 2.2　设计师的最佳心态

德威克的模型对我们非常有用。一旦您了解并掌握了这种分析工具，便会发现一个全新的世界。从这个视角来看，同事们可以被分为"固定型心态"和"渐进型心态"两类，而实际工作中您要表扬一个人的时候，也会不自觉地从对结果的赞赏转为对努力行为的褒奖。

德威克将这个模型推广到很多领域——从商界领袖到职业运动员。她向家长、教师、教练以及其他一些能够提供反馈意见的人提出实用的建议。尽管她仍在不断深化这个理论，并不断扩展研究对象和适用人群，但是她并没有特别关注创意产业。

渐进性心态是设计师应具备的基本素质，但是要成为优秀的合作者和成功的雇员，他们还必须了解其他的世界观。也许这种心态会让他们采取一些违背本性的行为：内向的人不得不拿起电话同他人交谈，外向的人得坐下来倾听，细腻的人可能需要参与一些大大咧咧的讨论，而那些大老粗们则必须强迫自己去反复研究细节。

德威克关于人类心理的这些观点正好解释了我的经历，有时候为了项目成功，这些行为似乎是正确的，但这还不够全面。身为设计师，有时候其他方面的心态也是关乎团队命运的关键。

在实际项目中，基于这些心态模型，我们假设如下两个事实。

■ **设计师们处境艰难**。一个设计项目不仅包括诸多难题，还包括大量动态资源。项目的复杂性导致分配的任务不仅前所未见，而且附带大量细节。

■ **设计师们需要一个团队**。设计项目的复杂性要求团队协作，而这不仅仅是体现在复杂的分工上。设计工作所面临的环境要求我们更好地处理团队的各种需求。

这些假设不是空穴来风。在今天，凡是参与设计项目的人都能感受到这两点，它们直接影响着设计师的协作能力和工作效率。由这两点，我联想到 3 个针对设计的心态模型。

■ 应变与固执。

■ 集体和个人。

■ 自主和消极。

## 2.2.1　应变型心态

德威克提出的是固定型和渐进型心态模型，那么我所说的应变型和固执型心态就是对她的模型进行了一个简单的扩展。于设计师而言，侧重点在于：

**具有应变型心态的设计师首先认同的是，通过改变心态能够适应新情况和特殊环境。**

受这种心态的影响，设计师会让个人需求服从于严格的流程，同时他又能够继续坚持使用自己偏好的工具和技术。我用一个事例来解释应变型心态。

**芭芭拉要求山姆在进入下一个设计阶段前先做一个非正式的用户调研，然而山姆习惯按照正式的方案来进行用户调研。**

■ **知觉**：山姆意识到，他正可以利用这个机会证明一下自己做正式调研的能力。

■ **态度**：山姆明白，利用正式的用户调研方法一样能达到非正式调研得出的结果。

■ **决定**：山姆决定两种方法都试一试，这样他就可以发现正式与非正式的方法有什么区别。

关键在于，这种应变体现在工作过程中，而不是作为一种原则来指导工作。

通常来讲，设计师接触到一个设计项目的时候，会运用一套原则来规划方案。这些原则您可以通过阅读别的书来研究，在这里我要说的是，山姆在运用原则的时候使用了更加灵活的手段。也就是说，在不违背原则的前提下，他能够灵活处置。

表 2.1 列出了设计师应变型心态与固执型心态的对比。

**表 2.1　设计师的应变型心态与固执型心态**

|  | 应变型心态 | 固执型心态 |
| --- | --- | --- |
| 知觉 | 认为设计原则是开放的，有一定包容度。 | 认为设计原则就是金科玉律，不能做丝毫妥协。 |
| 态度 | 对原则的尺度很感兴趣，想找到更多可能性。 | 整个过程中都很保守。 |
| 决定 | 决定采取新的办法。 | 拒绝变通，坚持用老办法解决问题。 |

应变并不是风往那边吹，就往哪边倒，也不是简单地随大流。面对挑战，应该及时应变，但是要搞清楚，应变不是为了改变而改变。相反，好的设计师能够分清场合，他们知道何时做出调整，让变化有意义。

## 2.2.2　集体型心态

**集体型心态是指相信反对意见、另类观点和额外反馈对设计工作是一种促进。**

近来出现很多宣扬独立设计师的文章，我称之为"象牙塔式的设计"。设计界出现了一种反对的声音，针对的是"集思广益"。他们坚称最伟大的设计都是来自于个人的独立思维。正如德威克所说的那样：

**坊间流传着很多传奇故事，总有那么一些孤胆英雄，不知道什么时候就会做出一些不可思议的事情来。**[1]

她进一步提到查尔斯·达尔文和《物种起源》。达尔文耗时几十年努力探索、深入研究，最终完成了这一壮举。但是，这也不全是达尔文一个人独立完成的。我所指的集体型心态，并不是说凡是遇到新情况、新挑战或是新项目，都要把大家召集起来讨论。相反，具有这种心态的设计师，仅仅是把同事看作活跃的资源：他们能够迅速地做出反馈、提供思路、验证假设、解释问题并给出新的建议。

---

1 《心态：新成功心理学》，第 56 页。

例如，我在思索设计理念的时候，通常会通过团队成员或者同事的设计初稿来寻求一些反馈。"共享初稿"也不是什么新事物，但是如果所有人在完成定稿之前都不愿意分享任何东西，那么在复杂的团队协作环境中，这种做法是非常危险的。

为了更好地理解集体型心态，我们设置这样一个场景。

设计团队里来了一个新人——普瑞斯，她正对着屏幕思考着。山姆分配给她一个新任务，但她发现这个任务还有几处没搞明白。

- **知觉**：普瑞斯发现有几处疑点需要搞清楚。

- **态度**：普瑞斯意识到，向新同事证明自己最好的方式就是参与合作。

- **决定**：普瑞斯决定立即把自己的想法作为初稿分享给山姆，验证她的思路。

德威克说，在固定型心态下，人们会把他人看作是"裁判而不是队友"[1]。集体型心态的关键在于：团队中的人是合作伙伴和支持者，而不是竞争对手和裁判。

因此，设计师必须承认"三个臭皮匠赛过诸葛亮"。集体型心态并不是指导人们协作的因素，而是说当人们面对问题的时候，应更倾向于吸收他人的观点来丰富自己。这是关键的一点，很多人没有搞清楚这一点就开始唱反调。具有集体型心态的人对他人是足够信任的，他们相信他人能够提供有用的反馈意见。

**表 2.2** 列出了集体型心态与独立型心态的对比。

表 2.2　集体型心态和独立型心态

|  | 集体型心态 | 独立型心态 |
|---|---|---|
| 知觉 | 把他人的参与视为益处和帮助。 | 把他人当作竞争对手，认为别人总是居心叵测。 |
| 态度 | 当队友提供了帮助或反馈的时候，感觉更有信心。 | 在工作完成前，一直对他人的反馈怀有戒心。 |
| 决定 | 决定通过建设性的方式尽力与队友保持良好的关系。 | 除非是工作安排，否则尽力避免同他人接触。 |

具有集体型心态的设计师，也许会走向另一个极端，过分依赖集体。头脑风

---

1 《心态：新成功心理学》，第 67 页。

暴是一个有用的工具，但是讨论有可能向另一个极端发展，变成了统一思想和"少数人说了算"的项目。具有集体型心态的设计师并不会让他人来代替自己（比如做个艰难的决定），相反，他们只是借助他人来拓展自己的思维。

## 2.2.3　自主型心态

最后，设计师必须清楚，关于他们的意见、需求和想法，都有权利向团队做出声明。自主型心态是指：

**自信地表达意见、讲清预期、缩小认识的差距，这样做对成功的设计工作来讲非常有益。**

换句话说，设计师应该确定一个关于设计决策的观点，如工作任务、项目需求、需要详细说明的要点以及解决方案的点子。

实际中，人们在表达观点时，看起来都像在坚持自己的想法和意见。甚至还会出现这种情况，没有一个人知道问题出在哪里，但是每个人都在用沉默掩饰着无知。总之，多了解别人的想法总是更好的。

举个例子来说明一下什么是自主型心态。

**普瑞斯，那个新来的设计师，发现她对山姆分配给她的任务还没有完全理解清楚。**

■ **知觉**：她意识到机会来了，她可以趁机提出她的理解和判断，并验证她的假设。

■ **态度**：她知道，第一时间证实她的假设能够避免返工。

■ **决定**：她决定给山姆发一封电子邮件，为她的假设列一个清单，说明她的判断。

在任何项目中，设计师都有大把机会表达他们的主张。经验表明，即使他们对项目或进程有强烈的反对意见，但这都有利于项目的进展。他们可以说了算的事情是以下方面。

■ 为团队成员提供帮助。

■ 如果项目超出负荷，他们要减轻负担。

■ 应对一些特定的反馈信息。

■ 对使用某些技术提出质疑。

■ 对具体进程或方法提出怀疑。

■ 遇到困难局面时发出求助。

表 2.3 列出了自主型心态与被动型心态的对比。

表 2.3 自主型心态和被动型心态

|  | 自主型心态 | 被动型心态 |
|---|---|---|
| 知觉 | 当认识和理解出现偏差时，意味着这是一个表达意见的机会。 | 认为出现认识偏差无关紧要，至少于己无关。 |
| 态度 | 认为必须第一时间去缩小这种理解上或预期上的差距。 | 认为这些纠缠不清的问题迟早会得到解决。 |
| 决定 | 决定公开自己的看法，或者不耻下问。 | 避免提出任何问题。 |

具有自主型心态的人，能够很坦然地承认自己的疑虑、无知和不足，不介意寻求帮助来解决这些问题。

设计团队面临的课题之一就是团队成员是否懂得讲话的时机。在不当的时机发表意见，可能会扰乱项目发展的方向、削弱项目主管的权力，甚至造成团队涣散。自主型心态并不是说设计师能够为所欲为地发表意见。

我们回顾一下其他的几种心态模型。

■ **应变型心态**：倾向于找机会来探寻新方法、采用新技术，而不是凡事都怪招频出。

■ **集体型心态**：倾向于找机会借鉴、利用他人的观点，而不是凡事都依靠集体讨论来决定。

■ **自主型心态**：倾向于找机会针对问题表达意见和观点，而不是凡事都表达意见。

卡萝尔·德威克有一个观点，她把那些 21 世纪才参加工作的员工们称作"饱受赞扬的一代"。他们的父母惯于称赞他们取得的成果，从而使得他们的自尊心越来越强。德威克写道：

**现在，我们的一些员工是由一群需要不断得到保证而且经不起批评的人构成的。而几乎人人皆知的道理是，要想取得事业上的成功，具备能直面挑战、坚韧不拔、勇于认错和知错能改的品格，才是至关重要的。**[1]

对这段话我深有同感，她说得太现实了——尤其在设计中。我相信，比起大多数人，设计师们更懂得面对批评，也更懂得面对挑战。我写本书的动力，就来自于那些源于合作、冲突，并且推进着设计进程的挑战。

# 2.3　改变心态

并不是每个人都具有随机应变、与人为善和自信的品质。坦率地讲，我本人就是倾向于独立和被动的一个人。对大多数人而言，至少其中的某一种心态会让人感到与他们的个性"背道而驰"。回到德威克的模型和关于心态的概念，还记得渐进型心态吗？——她相信人们可以改变他们感知和应对事物的方式。德威克已经证明，可以培养渐进型心态。在教学过程中，德威克和她的团队成功地帮助一些人实现了转型。她提道其中的一个人：

**……他现在相信，努力奋斗并不会使您更加脆弱，反而会使您更加优秀。**[2]

那些"高贵冷艳"的设计师们认为，他们不需要改变他们的心态。他们认为每个人都有权利坚持他们自己的态度，一旦有所改变，将会影响到他们的工作和创新。

的确，优秀的团队能够包容成员的瑕疵和缺陷。但是，采用正确的心态并不只是用来应对个别人的缺陷。正确的心态能够决定一个人能否成为一个积极的参与者，还决定着他所做贡献的大小。

有的时候，这甚至意味着我们要养成一种与完全相反的个性。整本书，我都会谈论大量可能让您不自在的行为习惯。有些行为习惯我还会用在我自己的团队身上。做这些事，意味着我要强迫自己直面脆弱的一面，然而，这是改变心态最有效的方法了。[3]

---

1　《心态：新成功心理学》，第 137 页。
2　《心态：新成功心理学》，第 59 页。
3　阅读本书时，最好养成做笔记的习惯，您可以挑出那些最让您难受的，足以挑战您神经的一到两个假设，试着在下次遇到困难的时候试验一下。

# 面试提问清单

## Jonathan "Yoni" Knoll — @yoni

### *InfinityPlusOne首席设计师，建筑师*

　　天资聪颖，令人羡慕，但这并不代表优秀，它只意味着您有才华，我一直认为，在到达"优秀"之前，您必须首先认清工作中的问题所在，还必须能运用恰当的方式与他人交流观点，最后，您还必须努力实现预期的目标。

　　为了进步，您要学会多问问题，合理地制定期望值（果断拒绝那些不合理的要求），凭借清晰的交流和能力提升来达成期望。无论面对的要求是否合理，只要是答应的事，一定要兑现承诺。如果人们无法通过您的言行对您的承诺做出判断，那啥也别说了。有才？也许吧。但是绝对称不上优秀。

　　我的这份"面试提问要点"背后是一个特别惨痛的例子，它来自于一个很有才华的设计师，我曾经很想将他招到旗下。虽然有点苛刻，但是我觉得没必要过多解释。

## 技能要求

1. 会写。针对一件事，您必须能够一次运用两个以上的句子来说话。您必须掌握言简意赅的交流技巧。

2. 会提问。如果对某件事您不了解——不管是现实问题还是预想的情况——问！

3. 会拒绝。我们都是凡人，我们都可能提出不合理的要求。有时候，您可能会认为我们的要求过分了，那么请让我们知道。

4. 会践行承诺。如果您说您能做到，我们就会相信您，除非您食言。之后，我们自然会建立起对您的充分信任。

　　由3、4两点，得出下面这一点。

5. 如果您蠢到不会拒绝，或者眼大肚小，那您就准备努力到死吧。很显然，您的问题不是我们的问题，也没道理变成我们的问题。如果事情到了这一步，我们不仅不会表示一点关心（当然，要是您生病住院或痛失亲人，这另当别论），甚至连同情都没有。■

# 2.4　总结

心态是一个人面对事物时出现的知觉、态度和决定。

- **知觉**：对事物的第一反应。

- **态度**：对第一反应所持的立场。

- **决定**：基于这种立场所采取的行动。

决定不一定要通过行为来表现。人们可以影响和改变心态，可以依据实际情况，调整自己的应对方式。

我关于心态的看法是来自于卡萝尔·德威克的研究成果，她定义了两种心态模型。

- **固定型心态**：认为人生来如此，再多努力也不可能改变这一事实。

- **渐进型心态**：认为勤奋努力能够提升一个人的能力和水平。

这些心态模型能帮助人们思考关于设计师的问题，但是我还做了一点深化。

- **应变型心态**：认为人们面对新情况时，采用变通的处理方式并不是不讲原则的表现。

- **集体型心态**：认为来自于他人的观点和协作能够促进设计工作。

- **自主型心态**：认为人们应该信心十足地表达意见，缩小和弥合彼此认识上的偏差。

第3章

倾听，必不可少的
技能

倾听可不是一个被动词。有不少关于倾听的文章，说的都是同一回事。在交谈中，人们实际上是去主动倾听对方的——推敲对方的用语、虚心接受、鼓励对方、让他们更有信心——这样一来，说话的人必会知无不言、言无不尽。

然而，设计是一个遵循严谨计划按部就班的工作。拥护创新的"革新派"也许会说，如果不让人们大胆尝试，那就不会产生好的创意。而我要说，如果不让人们按部就班，就不会产生好的创意。这是因为，计划形成了一个框架，人们都是在这个框架内有效地开展协作的，无论产生怎样的创意，都是为了最终目标服务的。当然，能够听见或看见别人的创意总是一件令人兴奋的事。然而，如果所谓的创意跟项目没什么关系，这就成为了干扰。倾听绝不是听任别人对项目指手画脚，而是把听到的创意、细节和需求进行统一。

顺便提一下，现在有很多关于演讲与口才的资料，但是关于倾听的却很少，这一章我将通篇关注倾听，向发言者提供建议并不是难事，所以本章不涉及这方面的东西。

设计师应该成为更好的倾听者，通过约束行为和有意识的培养可以养成很好的习惯。这一章介绍一些倾听的好习惯，我将它们归结为 4 种行为供读者参考。

- **准备**：随时准备倾听。

- **提点**：给别人说话的机会。

- **追问**：鼓励人们说下去。

- **求证**：归纳并重述听到的内容，确保没有理解错误。

当然，人们时常会有一种坏的倾听习惯——封闭自我，不与任何人交流，充耳不闻。

## 3.1　善听者的选项

不想听还不容易吗？我们身边总有这样一些人，整日喋喋不休，说的都是八竿子打不着的事情，东家长西家短，永远八卦，奇怪的是，这些人居然不知疲倦。什么搞笑视频、朋友圈自拍、娱乐花边……您上网或不上网，它就在那里，不离不弃。我想说的是，有必要时时刻刻不离嘴边吗？这些人的目的不过是显摆自己而已，真没什么可说的。

然而，有时候，您却不得不放下手头的工作，苦涩地听着这些话语。尽管充满了令人意乱情迷的内容，但是只要您懂得去听，还是能得到一些东西的。

这个列表（**图 3.1**）涵盖了谈话开始前的所有行为，不管对方正在陈述还是总结，思路一定要紧紧跟上。倾听是有技巧的，其中包括了用来获取和理解他人话语的秘诀。

---

# 倾听行为列表

## 准备

- 构建一个捕获工具。
- 滤除干扰。
- 超前思索下一次提问。
- 建立一个讨论的框架。
- 要求具体可见的表述。

## 提点

- 请发言者讲讲整体概况。
- 做出重视的姿态。
- 请发言者总结思路。

## 追问

- 要求客观地澄清问题。
- 利用提示鼓励对方详细阐述。
- 当发言者跑题时帮他重回主题。

## 求证

- 重复您所听到的。
- 求证您所理解的。

---

图 3.1　如何成为一个好的听众

不管谈话的场合是否正式，不管谈话者是面谈还是通过电话或远程设备，也不管是实时交谈还是邮件往来，倾听都有一套行之有效的行为和习惯。设计师们不可能时刻把这样一份清单带在身边，但是他们都应该去努力养成这些习惯，这样一来在倾听时，就能自如地运用它们。

## 3.1.1　准备

善听者在与人交谈时都是有备而来的。无论他们是不是谈话的主角之一，他们都会事先研究一些背景资料，时刻准备着提问。然而，"准备"并不是指事前行为，在整个谈话过程中，准备一直在进行。随着发言者的每句话和思路，倾听者得不断修改备选的问题，为下一次提问做好准备。

准备工作包括掌握并研究相关的背景资料，这有助于提高发问的针对性。作为设计师，还应做到以下几点。

- 滤除干扰。

- 构建一个捕捉工具。

- 提前思考下一个要问的问题。

- 建立一个讨论框架。

- 对表述的具体程度做出预判。

**构建一个捕捉工具**

如何从听到的话语中敏锐地捕捉到您想要关注的信息呢？我认为应该将思路和做法形成一个条理性的方案。如果讨论涉及到整个团队甚至更多人，那么最好建立一个文本文件，里面要列出一些题目，还要列出一些对话的结构。

这样一个文本文件具有多种作用。

- 它可以作为备忘录留存，帮您记录讨论的情况。

- 它可以向发言者显示出您认真倾听的态度。

- 它能够记录会议情况，就算发言者并没有什么稿子，您得有。

- 它能为别的听众指明一个提问的方向。

- 它能够提醒发言者听众关注的要点，从而能够突出发言重点。

## 滤除干扰

现代办公场所往往是开放式的，能让人分心的事情很多。一般情况下，当我正在进行私人会晤或电话交谈的时候，总有一些事情能够让我分心：

- 屏幕上弹出了电子邮件通知。

- 谁的头像一直在闪个不停？

- 闹铃响了，什么事来着？

- 谁的电话铃响了半天？

- 这边接着电话，那边还要处理其他事项。

- 脑子里突然冒出一个怪异的想法：那只苍蝇飞来飞去为什么不会饿死？

- 嗡嗡作响的智能手机。

- 如果我们正参加一次在线会议，那么最好确保会议软件时刻开着，话筒和摄像头也别关，这样一来起码能保证自己不会分心走神。

## 提前思考下一个要问的问题

通常我们在倾听时，脑子里有几个关键词一直在循环播放，一旦某句话涉及它，红灯立马亮起。但是这是一个全神贯注的过程，在倾听并捕捉要点的同时，还得思考下一个提问内容，这是比较难的。这就好比一个手画圆一个手画方。如果前面的某句话让您产生了疑问，那么您在思考这个问题的同时，您不仅回味之前的话，又得认真听当前的东西，还得思考后面要提到问题，这等于"一心三用"。

那么有什么好办法吗？这里教您一招，当您听到发言者提到某个关键词的时候，不妨就这个关键问题，要求发言者进行更详细的阐述，就像这样：

**"您刚才提到，'这份声明的主要内容与我们当前的工作流程相冲突'，那么您能够详细说明一下当前的工作流程吗？"**

听的时候，应该时刻留意那些能够引出"比较"和"矛盾"意味的说辞，比如"去年同期""效率更高""严重制约""情况不符"等，这些话很可能和后面的问题有密切的关系。

## 建立一个讨论框架

制定一个涉及讨论中所有主题的列表，这样一来，会议议程就可以浓缩成一些结构高度凝练的关键词。这种结构能够促使会议紧扣主题，而与会人员也能很容易地掌握会议的主旨，他们提出的问题也就更有针对性。

作为听众，您可能觉得这不是您的分内的事，但是您要知道，带着问题来的人正是您自己。制定一个主题列表，排出优先顺序，这能帮助您预计出谈话的范围和程度，这有利于您发现值得研究的问题。

在会议开始前，我都会简要地向与会者介绍一下会议的主题，并允许他们加入更多的主题，这样一来，我就能确保并不会遗漏任何有必要讨论的信息。也就是说，发言者不能只顾着说自己的事，听众也不能仅局限在自己的框框里。

会议结束前，我通常会问一句："还有什么要点没有提到？"这是给每个发言的人一个补充遗漏的机会。

这样的列表主要是给会议定基调，同时确保会议紧扣主题，任何人就任何问题发言的时候，也不会偏离太远。

## 对表述的具体程度做出预判

如果您去参与一次讨论，那您也希望每个人都说实在的话，干实在的事。在设计行业，这是基本要求。有时候我们不一定能看到设计概念，但是我们可以看看调查报告、项目方案，甚至是类似的产品。这些实在的东西能够抓住大家的眼球，确保每个人都集中注意力。

# 3.1.2  提点

所谓提点，不是要您喧宾夺主，而是适时说几句引导性的话，巧妙地鼓励发言者继续。通过这种做法，听者在给发言者时间和余地重新组织思路，同时准备自己的下一个问题。提点别太频繁，别把发言者搞乱了。如果听者频繁地在一个个主题间跳跃，那很可能错过发言者思想的精髓部分。

■ 听者可以采用这些提点的技巧。

■ 请发言者讲讲整体概况。

■ 做出非常重视的姿态。

■ 让别人把话说完。

**询问整体概况**

好听众会在发言的适当时机鼓励发言者讲讲他的总体想法，这个时机可以在一开始，也可以是在发言中途或结束前。提点时，要向发言者说明，您并不是要打断他的话，只是想了解一下对方的宏观思维，比如设计理念、计划方案、调查结论、分析结果等。

询问整体概况的时机很多，我们可以像下面这样去说。

■ "前面您提到，最初您是这么打算的……"

■ "不妨让我们回忆一下，这是从哪里开始的？"

■ "我想我已经明白您的意思了，可否说说下一步的做法？"

■ "您可否帮我梳理一下，您刚才说的和之前的部分有什么关系？"

■ "怎么出现这个结果的？"

■ "在您详细说明过程之前，能否先跟我们讲讲最终的结果是怎样的？或者说说整体的创意？"

针对发言者的思路所作的这些问询，会帮助其他听众更好地理解对方的主要思想。而听众也可以返回到之前的某个论点去详细推敲，这类方法使得观点更容易被听众理解。研究和探讨，某种程度上来讲，就是先了解概况，在探究细节。这是因为人们习惯于先看结果，再看过程。

### 做出非常重视的姿态

既然您已经打断了发言者的讲话并提出了具体的问题，那您就必须仔细听。您不能插完话了就把发言者晾在一边，您提点的目的是鼓励对方就您所提的具体问题做进一步的阐述。为了体现您的重视，最好是拿出纸和笔，认真记录。您的重视能够换来发言者的重视，他会利用这个机会进一步详细透彻地说明他的观点，直至消除任何误解。

### 让发言者把话说完

如果发言者有一个观点正说到一半，您要耐心听他把话说完，然后再考虑提出问题。在别人还没有说完一个观点的时候插话是很不礼貌的，而且会影响到他后面的发言，可能思路都会被您打断。

当然，插话本身也争夺了一定的话语权，当您插话的时候，您可能真的是再跟着发言者的思路走，但在别人看来，这可能是喧宾夺主。

有时候，发言者的确也需要听众与他互动，但有可能这时候他自己思路被打乱了。如果您发现他讲话开始磕磕绊绊或者犹豫不决的话，您可以稍稍提醒他一下，就像下面这样。

■ "刚才您提到……"

■ "您能回到先前……的地方再举个例子吗？"

■ "我想我已经明白了您的意思，您还有什么要说明吗？"

## 3.1.3 追问

虽然靠提点就能够引出一个完整的思想，但是发言者未必愿意将这些东西说出来，有时候就算他愿意，也未必记得自己是否说过，他们的思路可能偏向其他地方了。这个时候，通过追问能够让发言者有的放矢。

追问可能具有一定的挑战性。这和提点的行为正好相反，此时的听众不需要表现出一种谦虚的态度，反倒需要更加自信，当发言者出现麻烦的时候，他要主动站出来，当然不必要表现得咄咄逼人，只需要用恰当的语气和行为让发言者尽可能完整地表达清楚自己的意思。具体来说，追问的行为有如下几点。

- 要求发言者客观地讲清问题。

- 适当提示，鼓励对方做详细阐述。

- 当发言者跑题时帮他回到主题。

## 客观地讲清问题

当发言者站在台上时，作为听众，您可以利用很多机会批评、点评甚至反驳他。但是您一定要知道，您的目的是让他尽可能详细地阐述并澄清问题。您可以像下面这样问。

- "能不能告诉我更多关于……"

- "您能进一步解释一下……"

- "您能不能换个说法，我还是不太懂您的意思……"

## 适当提示

有一些提示显而易见，例如点头表示赞同，记录笔记表示关注重点，除了这些，还可以通过声音来提示。电话交谈中，人们常常发出"嗯哼""好的"或"哦哦"这样的声音，这就表示"我在听，请继续"的意思。

除了电话交谈和面谈的场合，其他时候发出这些声音可就不怎么好了。当今很多会务是利用在线语音技术来进行的，例如 Skype、WebEx 或 GotoMeeting 这样的软件，您要知道，这些在线系统往往都有网络延迟，也就是说，您所看到听到的和别人的是不同步的，如果发言出现短暂的停顿，您以为您是在利用这个间隙表达什么东西，在别人听来，则正好出现在下面的某一段语言中间，这就成为了一种干扰，会导致别人听不清内容。这还不是最糟糕的情况，如果您沉浸在自己的世界里无法自拔的话，别的与会者可能会猜想您是不是在桌子下面干些什么，因为您总是发出一些莫名销魂的声音。

当然，如果有一个较长的停顿（远大于网络延迟的时差），我往往会像下面这样讲。

■ "您做得很好。"

■ "继续，您说的东西我很感兴趣。"

■ "您准备转入下一个话题吗？"

### 帮发言者回归正题

即使是最好的演说家都有被他人带到沟里去的情况。聪明的听众会巧妙地使发言者回归正题。例如针对之前某个相关的内容，要求发言者进一步阐述。

## 3.1.4　求证

一个好听众会确保自己不会听错。求证有助于听众更好地理解发言内容，促使发言者说清他的本意。这是因为，倾听包含两个方面，一方面是听清楚，不遗漏；另一方面是听明白，不糊涂。

下面是关于求证的最佳时机。

■ 在内容过渡到一个新主题之前。

■ 在某个复杂的观点讲完之后。

■ 在某个关键的内容讲完之后（所谓关键就是关乎会议的主旨或可能对项目产生重大影响）。

求证行为包括以下两类。

■ 重复听到的内容。

■ 求证自己的见解。

### 重复听到的内容

如果您没有听清楚，或者觉得不对劲，可以逐字逐句地回问发言者，这有助于提升他的信心。您可以这样把话带出来。

■ "我没听错的话，您刚才是说……"

■ "不好意思，您刚才是说……"

■ "您能把最后那部分再讲一遍吗？"

## 求证自己的见解

很多关于倾听的文章都鼓励听众通过仔细揣摩和验证来确保内容没有出现混淆。但我认为，这些都是鼓励听众自己去发现的过程，在设计交流中，我们不需要这种做法。

在设计交流中，听众不仅要听清楚，更要在第一时间理解并吸收对方的全部意思，这些都是工作中会涉及到的内容。有时候，即使发言者的话明摆着就是这个意思，也还是有必要通过合理的方式进一步求证，把意思确定下来。您可以像下面这样去说。

■ "好的，您刚才说……我的理解是……"

■ "我对您刚才的话是这样理解的……您看对不对？"

■ "如果我没理解错的话，我们是不是应该……"

■ "没错，那么按照您的意思，这个作用（项目、设计、团队……）的目的是……对吗？"

## 打破原则的时机

当然，凡事都有例外。我们没法确保发言者每一次发言都是有价值的，有时候一些人说的话可能没有什么实际意义，甚至有时候一次谈话会在毫无准备的情况下开始，而会议可能被无关紧要的话题占掉大部分时间。

当我应邀出席什么会议的时候，我总会事先问自己，这次会议我只需要带着耳朵去听呢？还是应该积极参与讨论呢？换句话说，我是去倾听呢？还是去促谈？倾听意味着我得从发言者那里获取我需要的信息，所以我必须以礼相待。促谈则意味着我得应用很多积极有效的手段来建立彼此间的联系。打破倾听的原则意味着将心态从虚心接受转变为积极参与。

# 为了更好地倾听，请使用相同的语言

## David Belman

*Threespot*

如果你读到这本书，我们有可能使用着同一种语言。我不知道称之为什么。也许是"设计语言"把。即使我不知道它的名字，但我知道这些词汇：用户体验、线框图、分类、模块、模板、体验设计、品牌、人工智能、敏感性、自适应。

它是一种语言。在长期努力的过程中，通过学习，我们掌握了这种语言，这本身就值得我们骄傲，因为它标志着我们的身份，帮助我们树立起了正确的自我意识。也许它不是什么学位，也不是什么证书，但它绝对能够说明我们的诚信、经验以及认识水平。它就像一个凭据，反映着你的价值。在你工作的环境中，它赋予你一个简称，一个标签。他就像一座神秘的桥梁，也是一种神秘的信号，它指向一个地方——协作共事的关键。

我们一直分享着这种语言，在漫长的职业生涯里，我们一起创造了这种语言，它是我们交换思想的工具，也是我们行业的标志，更是我们协力创新的关键。它也是我们解决最困难局面的法宝，而这最困难的局面就是与客户合作。

我们的机构创始之初的五六年间，每次我们都是从项目启动会议开始正式进入一个项目。这些会议是真正的起跑线，虽然说在会议前我们已经做了一些研究和实质性的工作，为会议准备提案，为会前的一些沟通提供基础，但是只有在项目启动会议上，我们才正式开始组建团队，并开始按部就班开展工作。

会议往往看起来很顺利——我们面对着客户，谈论着目标、方案等等——但是我却发现我们彼此间有一道障碍，他们似乎离我们越来越远。会议中两方似乎都在自说自话，我们不得不花费大量的时间来弥合彼此间的那道鸿沟。

　　这就迫使我们回到最初，回到起跑线之前。我们不得不在会见客户之前把功课做足，"之前"并不是指前几天，至少也要在几周之前。我们读他们的文件，下载他们的公告，研究他们的发言材料，甚至了解他们的业务。这个过程中最大的收获，不是我们了解的内容，而是学会了他们的语言。之后，情况出现了有趣的变化。我们开始带着他们的口吻进入项目启动会议中，而他们也不再是听我们滔滔不绝地讲，他们也开始越来越多地发言。会议很快就形成了热烈的氛围，观点和信息开始流动，收效更明显，会议时间也利用得更充分。

　　学习客户的语言有很多好处：

- ■　它能显示出你对客户的尊重。你尊重他们的工作和他们的世界，它表明你事先做了很多努力。尊重是合作的基础，也是关键，一开始就表现出你的尊重，这对后面的工作大有益处。

- ■　它能够建立起你和客户之间的互信。当一个顾问带着外星人的语言走进会议室时，客户很容易对他产生厌恶，进而对他产生不信任感，结果就是对他评价过低。相反，要是你操着他们的语言，让他们舒舒服服地坐在会议桌前听你讲，你会发现互信已经建立起来了。你要知道，你应该融入他们的世界，而不是入侵他们。

- ■　它能够向客户传达这样一个信息，你不仅能够帮助他们解决设计方面的问题，还能够和他们自身业务方面的问题相衔接，那时候，你真正的价值也就展现在他们面前。

- ■　它也向客户提供了一种学习我们语言的环境，随着彼此间越来越融洽的沟通，客户也会慢慢开始学习我们的语言以及我们行业内的术语，我们可以和客户建立起一套共享的语言系统。

　　尊重、互信、衔接、共享，这些正是我们和客户合作的基础。你可以通过同客户建立起共同的语言——一种来自的对方、彼此借用的术语系统——从而开始构建这一基础，它能够让你在复杂的设计工作中找到良好的合作伙伴。

# 3.2　倾听的障碍

尽管倾听非常重要，但是人们认为，要做一个好的倾听者并非易事，我本人就是这样。即使最好的听众也有一些坏习惯，而这些习惯往往会形成阻碍，妨碍着发言者全面系统地阐述他们的思想、澄清他们的本意，甚至削弱他们所做的贡献。倾听的障碍包括以下方面。

■　**怕麻烦：** 不愿或不敢要求对方进一步阐述。

■　**泼冷水：** 打击发言者的信心。

■　**自以为是：** 某个听众故意显摆，博眼球。

## 3.2.1　怕麻烦

这种行为的表现是，听众可能只关注结论，过程或细节没有完全搞清楚。当出现这种情况的时候，往往说明听众想当然地做出了一些主观臆测。

当出现这种情况的时候，听众可以试着用下面这些做法来挽回局面。

■　强调臆测的内容："您提到了'用户需求'，我想我明白您的意思，您看是不是这样的……咱们的意思一致吗？"这样可以防止听众随意推断发言者的意思。

■　在会务结束前重提发言中的关键词，并将他们具体为行动事项，这会给发言者一个机会进行详细的说明。"按您说的意思，我认为我们下一步是不是该这样做……"

■　问这个问题："我已经问了您一些问题，您也做了解答，您看还有什么内容需要补充吗？"这会给发言者一次进一步充实完善观点的机会，也许他会发现一些遗漏的内容。

**直接跳到结论**

有时候听众可能没有搞懂发言者的意思，但是又不好意思提问，他们可能带着一知半解就听到最后，他们会臆断对方的意图，猜测对方的意思。大多数时候，也许听众自己并没有意识到这一点，他们凭常识来理解对方的意思，尽管他们说服了自己，但问题未必搞清楚了。

### 以别人的解释作为结论

另一个怕麻烦的行为就是不向发言者本人求证，而是把别人的解释作为结论。

假设，网页设计师正在描述一个网络应用的界面布局，她说道："我们将窗体字段按照重要程度进行优先排序，如果用户懒得填写所有内容，他只需要关注集中在最顶端的那一部分内容就可以了。"

这时候，项目经理接过了她的话："由于字段是按照优先顺序排布的，我们得先确定这些字段的优先级。您说对吗？"

看起来，项目经理已经"解释"了她的话，但事实上，她的意思是，有些字段比较重要，应该作为必填字段放在布局顶端，一些可填可不填的字段就放在下面，这是一个涉及用户体验的话题。如果按照项目经理的说法，下一步您可能会把工作重点放在确定优先顺序上，而不是确定必填字段上。而发言者也可能因为项目经理的一席话转变自己的思路，把后面的发言转到"优先顺序"这个问题上去了。这时候，如果您意识到问题所在，那就大胆地提问吧，别在意是否有人已经问过相关的问题。

## 3.2.2 泼冷水

这种行为会伤到发言者的信心。听众的语言或肢体动作，可能会告诉发言者他并不感兴趣。比如打哈欠。

作为听众，本章开始提到的"准备"行为能够避免您出现泼冷水的行为。

■ 开始听之前先确定一些关注要点，这有助于集中您的注意力。

■ 适当提点："不好意思，我有点走神了，刚才您说的我没有注意到，您能再说说吗？"

### 把发言者逼进死角

泼冷水的一种表现，就是将发言者逼到自我防卫的死角。原本融洽的讨论因为您咄咄逼人的言辞顿时变得剑拔弩张。虽然说，任何一个观点都应该充分讨论，理由要经得起考验，但是没必要把对方逼得太紧。发言者一旦退缩，只会使讨论中断下来。而接下来大家关注的就不一定是会议了，而是您俩的个人关系。

### 妨碍思想的完整性

有时候，听众的本意是好的，但却可能影响发言者思路，使得他的想法不能够完整地表达清楚。

- 一下提出好多问题，让发言者手足无措。

- 强调会议时间，使发言者不得不草草结束当前的话题，转入下一个话题。

## 3.2.3　自以为是

有时候，听众也许并不是真的在听您讲，他可能有比您更好的主意，这时候，您们已经是相互竞争的关系了。他们把您的发言变成了他们表现自己的机会，这时候您说得越多，他越不服气。

作为听众，您可以通过这些行为来避免竞争。

- **多看看自己的目标**。把自己的目标写下来，这样您就知道哪头重哪头轻，避免在别人发言时表现自己。

- **长话短说**。即使您有不同意见，等对方说完之后，您总有机会来阐述您的观点，不妨先耐心听听他怎么说。

### 加入自己的目的

我们阐述了一系列的良好的倾听行为，但是如果这些行为含有不纯的动机，那很可能别人的发言会成为您为自己服务的工具。例如有的"好好先生"，讨论时总是表现得既认真又积极，但是他实际上是为了自己的想法能够顺利实施，从而利用这些行为来达到自己的目的。**表 3.1** 就对这种情况进行了对比。

表 3.1 当良好的行为遇到不同的目的时

| 行为 | 好版本 | 坏版本 |
|---|---|---|
| 建立讨论的框架<br>（准备） | 议程包括一系列与项目相关的主题。您已经向所有与会者征求了议程内容。 | 议程设置的主题并没有涵盖所期望的一系列主题。也没有征求大家的意见。 |
| 让发言者完成思想<br>（提点） | 使用温和的提醒鼓励发言者充实他们的想法。 | 不做进一步的澄清，让模糊的想法留在那里。 |
| 帮发言者回归正题<br>（追问） | 要求发言者回到核心问题并作进一步探讨。 | 以议题结束为借口继续往下。 |
| 验证您的解释<br>（求证） | 主动提出自己的理解和解释，请发言者纠正。 | 主动提出自己的理解和解释，然后改变话题。 |

## 拒绝新点子

有些人并不会真正去倾听，他总想把讨论引向自己的目的。看起来他们总能尽职尽责地去"倾听"新想法、新观点，尽管他也参与了讨论，但实际上他对话题并不感兴趣。这就好比您走进电影院，但您并不喜欢这个类型的影片，您去看它不是因为您喜欢它，而是因为您讨厌它，看的目的只是发泄而已。这种封闭的思维来自于很多情形。

■ **竞争**：别人的新点子有时候会让我们意识到自己创新思维的匮乏，凭什么他就能想到，我就不能？

■ **恐惧**：有些人对新点子十分恐惧，这是因为新点子会威胁到现状。所谓现状，在设计工作中，可能意味着现有的设计方案。新点子的出现可能推翻现有的方案，让之前的工作付诸流水。人们往往安于现状，惧怕返工。

■ **懒惰**：新点子可能意味着更多的工作，意味着将来可能面对更多困难。要么一个点子身后包含着大量的行动方案，要么就需要花费大量的时间和精力调整现有方案来迎合它，总之麻烦很多。

# 3.3 总结

本章一开始展示了一份"倾听行为列表"，它包含了本章的所有内容，总共有 13 种有效的倾听行为。这些行为被分为以下 4 类。

- **准备**：走进会议时，要带着事先准备好的主题、问题和捕获问题的方式。

- **提点**：给发言者一点时间来完成他的想法。

- **追问**：通过直接的提问鼓励发言者详细说明他的想法。

- **求证**：重新表述关键的想法以确认您是否正确地领会了它们。

本章也阐述了一些常见的倾听障碍。这些障碍都是有意或无意的行为，他们阻碍了作为听众的您去获得完整的信息。我总结了 3 类。

- **怕麻烦**：武断地假定发言者的结论或所涉问题，没有抽出时间来验证您的理解。

- **泼冷水**：阻碍发言者详细阐述想法。

- **自以为是**：压根不想听对方的话，只因为您把他当成竞争者（有时也许是为了捍卫自己的观点）。

# 第4章

# 冲突在设计中
# 扮演的角色

**在**设计协作中，设计过程中的每一个决策都需要达成共识，冲突就是达成共识的方式。

请牢记这句话，本章将对这个句子中的每个概念都进行深入的剖析，直至最后一个细节。本章会重点关注"共识"和"决策"。

冲突是设计的引擎。当设计师形成最初想法时，他会在心中反复酝酿，以确保它能够成为解决问题的有效手段，而冲突则成为这一酝酿过程的催化剂。当设计师把这个点子变为初步方案之后，无论是其中的每一处细节，还是一个完整的雏形，都需要一路过关斩将，直至通过最终审核。在这个过程中，是冲突一直在推动着它不断成熟和完善。

冲突必然是棘手的对话过程，但它们最终造就了产品中不同于雏形的所有改进以及差异。

我曾经历过很多次设计校审，每一次都不容易。而这其中最优秀的设计方案也是历经冲突最多的方案。

当我面对一屋子的投资方人员拿出我的设计概念时，他们呆滞的目光和礼貌的点头都会成为我走向成功的最大威胁。相反，我希望的是大家畅所欲言，我希望屋里的同事都能要求我详细解释每一处设计细节的选择理由，要求我提供每一处细节可能的所有设计方案，并激励我不断抛出新点子。尽管这都是棘手的对话过程，但它们造就了最终产品中不同于雏形的所有改进以及差异。

冲突是对点子进行验证和阐释的过程。在冲突中，点子会从星星之火进化为一个正式的概念。具体说来有两个方面。

■ **一方面冲突考验了点子：**设计师们在一起工作，会设法充分了解每一个点子，这就迫使他们与他人面对面交流，有时甚至是为每一个决策进行辩论。他们会挑战每一个人，直至想法最终完善。

■ **另一方面冲突推敲了点子：**通过对一个点子进行阐释和辩论，迫使设计师们借他人之力来补齐任何遗漏的短板。

当一个点子经受住所有人的检验和剖析之后，也必然会让所有人都满意，如果能达到这个效果，那么这种冲突就是良性的。有时候，尽管设计团队内部争论很热烈，但实际上对设计项目没有什么帮助。在阐释这种恶性冲突之前，我先描述一下冲突在设计中扮演的重要角色。

# 4.1　冲突的价值

为了讲清楚冲突的价值，我决定先对设计过程做一个简化。某种程度上来说，设计可以理解为是一系列决策的过程（**图 4.1**）。

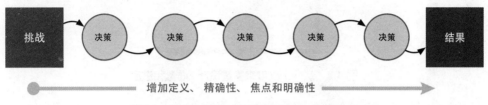

**图 4.1　设计过程可以简单理解为一系列决策**

决策有大有小，可能涉及比较广的范围，例如：

**"我们关注的焦点应该是用户区分产品类别的方式。"**

也可能具体而微，例如产品的某个特定的细节：

**"这个按钮应该表示'启动'。"**

设计团队所做的每一个决策都是为了下一个决策，也就是说，直接指向下一个层次的细节、下一个组成元素、下一个将要面临的挑战。

设计师们都知道，一个糟糕的决策会影响到接下来的一系列动作，甚至对项目产生灾难性的影响。首先一点，决策必然是设计团队成员达成的共识，举个例子来说，比如大家一致同意"所有的按钮都采用橙底白字的配色方案"，当他们的目光集中在某个按钮的设计方案时，这就是所有人关心的东西，大家也自然认为这就是全部了。但随后，如果他们面临着不同的界面以及几十个按钮的时候，他们得为他们的决定买单。到了那个时候，他们面对的已经是另一个问题了：修改原先的共识？或者是推翻重来？

当设计过程结束时，团队已经做了足够多的决策了，基于这些决策，他们能够给产品一个清晰的定义，它不仅包括所有既定的目标——这早在项目开始之初就已经定下来了，也会涵盖所有的技术规范——而这可能是随后涉及的问题。也就是说，经过整个设计流程后，团队已经为产品定义找到了充足的理由。从这个方面来看，我们可以沿着两个维度——质量和进度来衡量设计工作（**图 4.2**）。

图 4.2　从两个维度来衡量设计：质量和进度

也就是说，团队的决策必须符合两条标准，它们包括两方面。

■ **过硬的质量。**好的决策应该为了项目目标而服务。

■ **有效的进度。**好的决策应该推动项目进展，并不断丰富产品定义的要素。

所以我们也可以这么讲，设计过程其实就等同于一系列决策，而这些决策必须能够通过不断精细的定义来产出高质量的产品。而团队协作，就是为了形成这些决策。这么说没问题吗？

事实上，这是错的。

团队成员并不是都在为决策而忙碌着。每一个决策也不一定需要所有人都认同。但是，项目要进行下去，他们每一个人都必须对决策有充分的了解。他们必须知道以下几点。

■ 决策的理由是什么。

■ 决策将如何影响他们的贡献。

■ 他们该如何把决策贯彻到自己的工作中。

这样一来，冲突就不可避免。设计决策要取得共识，团队成员间必然会产生冲突。冲突就是围绕决策达成共识的一种反映。也就是说，在冲突中，团队成员必须了解决策如何提高产品质量，以及如何推动项目进展。

例如，有的设计团队坚信，所有的冲突都以相同的方式解决所有的问题，这些问题见**表 4.1**。

表 4.1　与质量和进度有关的问题

| 关于质量的问题 | 关于进度的问题 |
| --- | --- |
| 决策如何指向项目的目标？ | 这一决策是如何推进项目的？ |
| 决策对如何改进设计有什么帮助吗？ | 下一步怎么办？ |
| 决策是如何与项目相符的？ | 决策对下一步有何影响？ |
| 决策是否使设计超出了项目的边界和约束？ | 决策对项目的成败起什么作用？ |

共识是确保设计质量和推动设计进程的关键。为了使这些问题的答案趋于一致，团队成员间会有冲突。冲突使他们认识到他们的分歧所在，从而共同努力来达成共识。

如果设计团队出现的分歧没有得到解决，那么项目会停滞不前，成功也无从谈起。团队完全可以掩饰冲突，事实上很多时候他们也是这么干的，这对他们今后的工作会产生消极影响。如果他们肯花点时间来达成共识，那么项目必将走向成功。

## 4.1.1　设计决策与共识

任何一个设计决策都包含两方面：决策内容和做决策的依据。内容是决策的对象，一般针对产品设计本身而言。依据是操作层面的，它可能是某种技术或原理，它回答的是这个问题——"我们基于什么来做决策？"

在下面列出的这些决策中，我用斜体文字来表示内容，用下划线来标出依据。

- 在这个网页应用程序中，我们将*不使用导航标签*，因为我们预计，随着项目的进展，标签不能有效地适应各种尺寸。

- 我们将在分类垃圾桶上*使用口吻亲切的提示语*，因为大多数人不具备专业认识，他们不必知道为什么，只需要知道怎么做就好了。

- 我们将会*优先处理关于物流条件的信息*，这是因为可用性测试指出这些是最重要的信息。

仅用这两个方面来定义决策是相当简化的，深入思考后我们发现，在决策过程中，内容和依据之间是鸡和蛋的关系。一方面，内容可能还没有敲定，但是设计师已经意识到问题是什么，他需要参考什么依据。比如在第二个例子中，设计师首先提出问题："人们怎么知道该把什么垃圾丢入相应的垃圾桶呢？"之后，设计师决定，只需要告诉人们怎么做就好，不必要跟他们讲清道理。这样一来，先有了依据，才出现内容。

而在第三个例子里，设计师面对的是优先处理什么信息的问题，这是他需要决策的内容，而后，他才去寻找解决问题的依据，可能有很多种方法来确定信息的优先程度，但是设计团队选择的是进行可用性测试。然后，内容也就敲定了（**图 4.3**）。

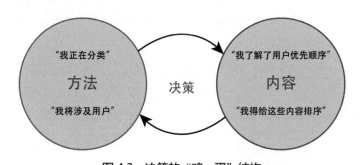

图 4.3 决策的"鸡 - 蛋"结构

我们说一个团队内部形成了共识，其实是说团队成员都充分了解了决策的内容和依据，而且服从决策的安排（**表 4.2**）。

表 4.2 决策中的共识

| 决策的方面 | 理解的程度 | 含义 |
| --- | --- | --- |
| 内容 | 了解 | 一项决策不一定要每个人都投一票来决定，但是大家必须要明白决策的内容是什么。 |
| 依据 | 服从 | 决策中没必要人人都参与商讨或去寻找依据，但是他们得知道决策的依据是什么，以及他们该怎么做。 |

这里要澄清一点，了解和服从不一定表示同意。团队成员有时候并不赞同领导或者管理层设定的方向，有时候也会对做出决策的依据产生异议。一般来说，只要决策清晰明了、理由充足，大家就会服从并执行决策，于设计师而言，他们

所不能接受的是那些拍脑瓜做出的决策（比如不合理的规则或限定）。

回到冲突的定义上来——在设计协作中，设计过程中的每一个决策都需要达成共识，冲突就是达成共识的方式。在设计过程中，冲突不一定都是激烈的，并不一定伴随着负面情绪、敌意或戏谑，甚至不一定都是关乎对立的分歧。冲突是对双方（或多方）理解认识的调和，它是为了将来的决策和项目目标服务的一种手段。

# 4.1.2　保留分歧意味着什么呢？

随着项目的进展，一开始由于理解不同而产生的微小分歧会不断变大。某个人独自做出的决策在传递给团队中的其他成员时可能没有那么准确。如果设计团队把项目的限制范围搞错了，那么产生的概念将毫无用处。

设计师一旦产生奇思妙想，那种创作的欲望是非常强烈的，有时候他们会试图去冲破种种限制，以实现他们超前的新奇想法。如果一项决策说得不清不楚，或者某些限制的强制性不够，那他们对于决策的理解可能和目标相差千里，而这种大胆的创新也会变得一文不值。既然都谈不上创新了，他们的方案也肯定不能说服团队中的其他人，更说服不了投资方代表，最终的结果是导致项目的失败。

理解的偏差一般出现在涉及设计的方向和限制范围的方面。

## 设计方向不明

如果设计师没有理解设计方向，那么他们也就对于设计初衷的理解就是模糊的，他们的基本设计原则也会有出入。设计进程中的每一步未必都会具体明确这些原则，但是项目带头人有责任向每个设计人员阐明这些东西。如果一个设计师在开始设计网页界面之初就偏离了基本的项目原则，那他就是在浪费时间——而时间就是金钱。

- **对设计方向的误解：**设计总监没有明确一套能够推进项目的设计原则。

- **对限制范围的误解：**设计总监没有明确设计命题的边界，导致团队设计出了不切实际的产品。

## 设 计 协 作 需 要 共 同 的 认 识 与 目 标

# Marc Rettig

*Fit Associates创始人*

以我的经验来看，团队设计成功的关键在于所有人都关注工作的核心。设计伴随着理解，而它的核心在于目标。在您产生想法并表达出来之前，需要形成共识和意图。设计就是一次为理解和创造召开的会议。

不幸的是，"理解"总是与"解释"混为一谈。设计公司里，大块时间和金钱被花费在研究和测试上，用来找出详尽的解释。这些解释的意义是使每个人都觉得他们在做原则性的、严谨的工作，具有有力的论据和充足的理由做出设计决策。在我们面对设计时，这一点没有任何不妥，事实上这是非常有用的。

但是这也只是极为肤浅而且少量地为任何人提供创造之火。解释可以将一个团队智力凝聚在一起，但很少带来激情。

如果您知道人类是将不同频率的光作为不同的颜色来认识的话，那么您就有了一个解释。如果您亲自看看透过棱镜的世界，参观过那些色彩带来不同情绪的地方，再听一听人们谈论他们生活中的色彩和由色彩唤起的混合在最深处的记忆，例如辨识层面上类似"家"这样的概念，您的认识已经开始进步了。而我保证您会开始觉得兴奋。您可能无法解释所有关于您所注意到的颜色的变化，以及您看到或接触到世界的新方式，但您知道真正重要的东西已经在您体内发展起来了：对于颜色的新理解。

现在，把这个推广到您的团队中，并且进一步将它推广到更大的网络中，那里的人们正在一个更大的生态系统中"共同设计"，而他们的工作是使设计产品从这个生态系统走向世界。别将"研究工作"

外包，走出去和他们在一起。做那些能够让自己得到关于人、背景、活动的共识的事情——这种生活就是要不断影响您的决定。您的团队融入这些影响生活的因素的程度预示的也是团队形成共识的程度，同时也是这团队的激情和目的感，这就是工作质量的关键。

Future Partners 的约翰·比伦贝格建议采取这种做法："这是 10 乘以 10 再乘以 10 的关系：当一天结束时，每个人将访问 10 个地方，与 10 个人谈话，带回 10 个故事。"当一个人参与了数十个人种学的设计调查项目，我相信超过一半的结果已经更好地被引入团队送达，而且它的扩展网络是 10 乘以 10 乘以 10 的范围。

团队设计是由团队共识开始的，而其核心是依赖于共同的意图。对于团队设计次要关键的就是由共同目标而开展的工作。

一个意图是来自于目标、任务、设计简介或业务授权。这是一项体现出您们的团队工作如何改善世界的声明。我建议您写下一些这种形式的问题："我们如何……？"当然您不必非得写下来。您只需要使得团队共同到达这个程度，而这需要由您要共享的认识而来。

一旦您们到了这个程度，一旦您们已经共同获得一些我在色彩那个例子中提到的令人兴奋而且与众不同的视角，您们就可以围坐一圈并讨论真正发生的事情。这也许不同于那些是团队凝聚在一起的章程和问题，但是它让人觉得这是值得为之奋斗的。

只要您在外面，一旦集体已经获得兴奋的排序和改变的视觉颜色示例所述，得到一个圆圈和谈论真正重要的东西。这可能是不同于宪章或在一起带团队的问题，但它会感觉像是值得为之奋斗。将加粗。棚的限制，正在与您正在使用的本组织的 "小" 的感觉，或者您解决复杂的形势。如果您在您太阳神经丛感到兴奋，如果您发现自己在边疆情绪、一种战斗的心情、爱人的心情，您能找到可以维持一个团队通过一个项目的意向。一旦您找到您所有想要说 "yes" 的呼唤，剩下的就是 "如何"。

现在您有的东西。您有共享连接的世界，一片生命的切片的理解的人。那些已同意为他们点亮的目的在一起工作的人。您的设计，开始和您有的设计核心。您已经开始做这项工作在一起。

### 限制范围模糊

这里我们不妨假设团队的任务是为一家大型的高科技公司设计市场营销网站。然而他们并没有充分意识到哪些页面的关注度更高，或者他们不知道主页导航是不能触碰的禁区，或者某些产品的可用信息是不能引用的。这些东西就是限制，这些限制有时候是投资方向团队代表明确的，身为团队代表，项目带头人务必要把这些东西告知团队中的每个人。

对大多数人而言，冲突总是让人不爽，但是请记住，冲突对设计是有好处的——它是获取成功的动力源泉。当团队对设计目标和方向产生分歧时，这种不爽的感觉更甚。出现这样的问题时，团队的正确选择应是及时地解决它。尽管大家都知道保留分歧会埋下隐患，但更重要的是，出现分歧的焦点本来就是对项目至关重要的环节。

## 4.1.3　达成共识的障碍

有些设计团队对冲突并不大惊小怪，他们总能轻易地达成共识。在一个成员间合作融洽、经验老道的团队里，共识只是一个隐约的存在，面对冲突，大家心照不宣，甚至都没有去想要达成什么共识。尽管如此，团队依然运转得很好，因为每个人都知道解决方案是什么。

绝大多数设计师都不是在这种环境中工作的，而且菜鸟新人和新问题总是不断进入到工作中，冲突往往不会自动解决。老鸟们深知自己需要一个学习的过程——学习如何同这些新面孔共事。

一个团队达到这个境界需要一个漫长的磨合期，在此期间，每达成一次共识，都需要面对很多障碍。

- ■ **自以为是：**当您问到每个人的时候，他们都会说自己搞懂了，而且看起来团队达成了共识，事实上也许远远不够。人们的理解水平层次不齐，除非您对大家都做一个认知水平测试，否则您只能告诉他们您不知道。

- ■ **不懂装懂：**谁也不愿意承认自己是个笨蛋。由于自尊心作怪，或是盲目乐观，有些人担心起争执或是挨批评，从而他们会隐瞒自己的认识偏差。

■ **心不在焉**：有些人对冲突毫不在意，不是因为他们不知道问题所在，而是因为他们根本就不想搞清楚问题。我时常遇到那种令人讨厌的同事，他们常说："我宁可去做别的工作也不愿意留在这里。"这已不是认识水平问题了，而是态度问题了。

达成共识之前，先要克服这些障碍，这样冲突才有意义——有意义的冲突能够产生有用的决策方案，这样的冲突我称之为"有效冲突"，相反，这些障碍也有可能产生另一种冲突，也就是"无效冲突"。

# 4.2 有效冲突与无效冲突

冲突是一个含义丰富的词，有一次我叫来一组人，问他们能否在不产生冲突的情况下完成协作设计，结果很讽刺，他们就这个问题产生了冲突。除了直白的释义——"缺乏一致和透明"，冲突还有负面的含义，而这些往往与过激的情绪、失当的行为和勉强的合作有关系。

从负面来看，冲突体现出了需要克服的障碍，这是我们的英雄（也就是您）要去解决的问题。在这种情况下，问题出现时，绝对没有双赢，冲突双方一定要分出胜负才罢休。对冲突持这种观点的人倾向于蛮干，而且经常惹毛身边的人。

这样的冲突不再是获取成功的动力源泉，而是社会病态的病原体。

麻烦的是，这两种冲突从表面看来非常相似。在任何一种冲突中，争论和情绪似乎都扮演着相同的角色。关键的区别在于实质。参与讨论的人是为了项目进展呢？还是为了当赢家？

我用"有效"和"无效"来区分这两种冲突。有效冲突的结果要么是提高效率，要么是提升质量（最好两者兼有），这都有益于项目进程。无效冲突，顾名思义，对项目进展和产品质量都毫无益处。

## 4.2.1 分辨有效冲突和无效冲突

无效冲突会形成障碍，妨碍团队在涉及分歧的事项上有的放矢。换句话说，某个人的桀骜不驯或出言不逊都会打乱团队的讨论，让它走向毫无意义的方向。

因此，设计师们必须意识到两种冲突之间的区别，并尽力避免自己成为那个开了第一枪的搅局者。

这也许正是设计师所面临的最大挑战，据理力争起码是有意义的，理不辩不明嘛，泼妇骂街就没意思了，毫无意义的争吵会起反作用。争论到争吵只有一字之遥，您无法保证自己能把握好尺度。如果您做得不够好，大家都反感您，不愿同您合作，那即使您的话富有建设性，也会变得毫无意义。

无效冲突包含个性因素，因此比较容易辨别。有个客户曾经向我抱怨说："全搞错了！这全都是您的错！"这种不管三七二十一就把失败直接甩到某人脸上的做法，很快会使话题转移。我当时的第一反应当然是自我保护，而在当时这种情况下，自我保护的表现就是把矛头转过来对她，我坚称她不断地改变项目目标，而她则是满口否认。各位看官，剧情到了这里您也该知道会怎么发展了吧。

辨别无效冲突，可以通过以下这些表现。

■ 当人们毫无理由地批评某个设计时，例如："看起来简直糟透了！"

■ 当人们试图激励设计师的创新性，而又没有任何积极的评价时，例如："这个就明显比您的那个强多了。"

■ 当人们批评设计师的风格和方法，但针对的却是其他方面时，例如："您太没有章法了。"

■ 当人们为他们自己的行为进行辩护的时候，例如："我跟您说过无数遍了，该怎么处理需求的优先次序。"

这些话说的当然是真实的情况，他们想表达的意思也很重要，但是措辞是不友好的，甚至是满含敌意的。

从项目的角度来看，他们的出发点都是好的，这么做也没有什么私心，但是您听到这些话的时候，感受到的已经是另外一回事了（表4.3）。

表4.3　识别无效冲突

| 话语…… | 结果…… | 本意…… | 换个说法 |
|---|---|---|---|
| "看起来简直糟透了！" | 打击设计师的自信心。 | 使设计团队调整设计方向。 | "您能帮我理解一下您的决策依据是什么吗" |

续表

| 话语…… | 结果…… | 本意…… | 换个说法 |
| --- | --- | --- | --- |
| "这个就明显比您的那个强多了。" | 使发言者凌驾于其他团队成员之上。 | 简化任务或工作分配的范围。 | "看起来您好像有些凌乱。哪些方面我能帮到您？" |
| "您太没有章法了。" | 使人们的注意力转移到其他方面。 | 帮助团队确定任务的轻重缓急。 | "您在确定优先顺序上有麻烦？" |
| "我早跟您说过该怎么处理需求的优先次序。" | 告诉对方自己已经尽到自己的责任了。 | 把团队关于设计困难的认识统一起来。 | "您是如何解释我给您的顺序的？我得确保我们在同一个层面上。" |

## 4.2.2 无效冲突的真相

既然有效冲突利于形成共识，那么无效冲突对于共识的形成则毫无帮助，没错吧？

事实上，无效冲突就像一团烟幕，它遮盖住了潜在的有效冲突。也就是说，无论是有效还是无效的冲突，导致它们产生的那些围绕着设计决策而形成的分歧和模糊不清的因素，都是一样的。区别在于，参与讨论决策的人会如何反应。这种情况下，通常会出现两种反应，但这两种反应都源于一个根本原因——自我保护。

■ 他们会因为对决策的无知而感到不安。由于他们对决策理解不清，于是他们通过指责别人来掩饰自己的无知。

■ 他们会因为对决策本身的抵触而感到不安。因为这样或那样的原因，他们对决策并不赞同（无论他们是否理解决策的含义），为了不让矛头指向自己，他们会通过指责别人来保护自己。

### 由于无知产生的不安

直面并解决冲突的关键在于勇于承认自己的无知。做到了这一点，无异于为他人纠正自己的错误提供了阶梯。然而人们往往纠结于此。人们总认为，如果自己对一件事看得很准，而且让他人都看到这一点，这样一来大家不会对他有负面的评价。一旦有这样的认识，再加上他对于冲突的理解就是分出胜负，那么他们的行为必然会走向适得其反的一面。

## 由于抵触产生的不安

一项决策包含这样一些方面：要完成的任务、要实现的目标、要采取的行动。如果某人意识到一项决策对他们的贡献和期望所产生的影响恰恰会暴露出他们的弱点的时候，他一般会产生抵触情绪，例如决策要求他去做他最不擅长的事情。这种时候他往往会采取自我保护的做法。

# 4.2.3　将无效冲突变为有效冲突

在设计师的职业生涯中，会遇到各种各样的奇葩，设计师并不一定认为处理这些人和事是他们的责任。然而人生路上总是充满变数，共事的对象不可能一直如他们的意。

我所遇到过的所有奇葩都是凭借他们过当的反应而"一战成名"的，他们的情绪总是表现得很焦虑，就像一枚二踢脚，一点就爆，而且还是跳起来迸发青春的活力！他们非常擅长先发制人，越是自己的缺陷，越要安到别人头上。如果我们能换个角度看问题，假设他们只不过是不太善于表达自己，那么情况会变得有所不同。

一旦您认为这些行为并不是人身攻击，只是掩饰自己的焦虑，那么您们就可以坐下来谈了。为了把局面扭转到建设性的一面，我们可以试着厚着脸皮，换个方向来展开讨论（**表** 4.4）。

**表** 4.4　自如地应对奇葩的批评

| 批评 | 建设性反应 |
| --- | --- |
| "看起来简直糟透了！" | "那好吧，让我们从最顶层开始。关于标头是不是可以少做点工作？这儿的信息是不是显得太拥挤了？" |
| "这个就明显比您的那个强多了。" | "请允许我把整个设计方案推演一遍，这应该能帮助您了解我所做的决策。" |
| "您太没有章法了。" | "要不这样吧，让我陪您把这个过程走一遍，这样一来，关于我现在和随后的进度，您就能够看得更深一些。" |
| "我早跟您说过该怎么处理需求的优先次序。" | "项目需求中第 2，5，9 款带给我的启发是最重要的。我是依据这几条来设计的。我会向您解释原因。如果您有更好的主意，不妨谈谈看？" |

# 4.3　决策内容的实质

后面两章我们会从技术层面来讨论在何种情况下采取何种方式来解决冲突、达成共识的问题。我们首先找到问题所在，确定应该采取的手段，而后按照具体的做法来解决问题。

在"共识"本身所定义的范畴内，解决冲突就是促成共识的手段。这些的手段无非来自下面这五种情况之一，而这些也就是决策内容的实质。

- **说服**：采取其中一方的立场。

- **妥协**：各退一步取折衷。

- **转变视角**：另辟蹊径。

- **推迟决议**：暂时搁置争议。

- **找到共同点**：回到某个大家都认同的基本面。

在这几种达成共识的手段里，并没有最优方案，一方说服另一方并不一定总是能得到最好的结果，暂时搁置争议也未必总是坏事。决策的优劣最终是由具体情况和产生的后果来评价的。

我把这些手段列出来，是为了帮助团队找到一个促成共识的路径。通过对情况的分析和对冲突分出轻重缓解，团队成员们会逐渐趋向于某个具体的决策内容。

为了更好地解释这些手段，我将假设这样一个情境，在具体的冲突情况中去找到决策内容的实质。

小明和小强的任务是为一个大型刊物设计网页。这家出版社已经通过三个不同的网站发布了上千篇文章。表面上看来，这些网站分别针对不同的读者。任务的规模相当大：出版社要求他们从底层开始重新设计界面，以整合这些网站。

## 4.3.1　说服：采取其中一方的立场

所谓说服，就是讨论中某一方的观点被其他各方所认同，大家一致同意采取他（她）的立场。

**例如：**小明和小强各执己见，小明认为手头的出版物应去掉三个独立的属性。小强则认为应该保留它们。经过一番讨论之后，小强说服了小明——考虑到项目的限制条件，保留这些独立属性更有意义。

## 4.3.2　妥协：各退一步取折衷

在讨论过程中，与会者在各自的观点基础上，相互吸收他人的观点，而后形成一个兼容各方特点的新方案。

**例如：**小明和小强都觉得站点需要重新组织，但他们各自有各自的方案，经过一番讨论，谁也没法说服谁，于是他们决定利用一点时间来试验各自的想法。期间他们还请来了小红和小丽，经过几番试验之后，一个新的概念产生了，这其中虽然包括了他们最初的想法，但已是一个全新的东西了。

## 4.3.3　转变视角：另辟蹊径

换个视角，世界会很不一样。如果意见双方中有一方能够设身处地地站在对方的立场上去看问题，并决定给对方一个机会的话，那么另一方也就不必再费口舌，至于共识，当然很容易达成了。

**例如：**早在项目初期，小强就有一个草案想要提交给客户。小明则认为，过早地抛出大堆概念会显得过于敷衍，他认为在向客户提交用户界面之前，他们应先把精力放在解决底层架构上。而小强又担心这些抽象的底层架构会让客户晕头转向。尽管小强并不认为小明的做法对设计进程更加有益，但也无伤大雅，所以他还是决定给小明一个机会，站在对方的立场上，他发现这起码有利于他进一步了解客户。

## 4.3.4　推迟决议：暂时搁置争议

当讨论者们选择先不形成最终方案的时候，他们已经推迟了决议。看起来这好像是化繁为简的办法，但是有责任心的团队深知一点，过得了初一过不了十五。但是，之所以会推迟，是因为当前时机还不成熟，他们需要再多做一些工作才能够做出最终的决议。

当然，如果未做出决议的原因不是证据不足，而是能力不足的时候，这种推迟的做法对团队是有害的。这会使团队成员滋生惰性。

**例如：**当项目涉及一个网站的整体结构时，项目团队必须对基础导航做出一个决策。由于用户在筛选文章的时候可能有很多考虑，因此团队必须确定一种优先机制为主要筛选项。在这个问题上，主要分为两派，一派认为应以内容（例如标题格式）为先，另一派认为应以类目（例如环境新闻和医学新闻）为先。小明和小强各执一词，但是他们都知道，这件事他们说了不算，最有力的依据应该来自于客户。因此他们决定让这个问题先放一放，等小明进一步梳理过用户反馈之后，找到影响问题的潜在因素，而后再讨论决定。

## 4.3.5  找到共同点：回到某个大家都认同的基本面

要找到各种观点间的共同点，就意味着大家要回到先前形成的某个共识的基本面上，而这也意味着团队在设计进程上后退了一步，这等于是大家又回到了再次为决策做准备的阶段。

某种程度上来说，这也是一种推迟决议的形式。不同的是，在这里大家不是要寻找更多的信息和依据，而是承认他们陷入了僵局，因为事情毫无进展，根本无法就任何事达成一致。既然如此，团队只好回到先前阶段，转变一下思维模式，换个方向，换个起点再次开始寻求解决方案。最好的情形当然是大家齐心协力来共渡难关。即使是在最差的情况下，团队至少能够找到分歧出现的关键点。

**例如：**小明和小强争论了半天，依然毫无结果。他们意识到可能问题出现在更根本的层面上，于是，他们拿来了项目章程，逐一对照并回顾每个项目目标、设计原则和更高级别的要求。通过这些来重新审视他们各自的观点。

## 4.3.6  评估各项决策

了解决策的本质，有助于您在面对冲突时选择合适的应对方式。但是仅仅把决策的本质说清楚，还远远不够，上面五种情况都只是决策的来路，即使形成了决策，您又怎么知道它好还是不好呢？

本章一开始，我就说明了衡量决策的标准，好的决策必须具备两个属性：一是提高效率，一是提升质量。

既然解决冲突是做出决策的实际行动，那么做出决策的过程也要遵循这条标准。由这两条标准，我们可以对决策的好坏做出如下 4 种推断（表 4.5）。

表 4.5　两条标准的决议的结果

| 质量 | 效率 | |
| --- | --- | --- |
| | 质量好，效率高 | 质量好，效率低 |
| | 这类决策既能产生高质量的产品，又更接近项目的最终成品。比如既能切合项目目标而又有利于项目进展的决策。 | 这类决策能够形成高质量的设计成品，但实际上会拖慢甚至影响项目进度。比如草案拟了一边又一遍，耗费着预算和时间，为的只是追求完美。 |
| | 质量差，效率高 | 质量差，效率低 |
| | 这类决策影响了产品的质量，但是却有力地推动了项目进展，这是因为它突破了项目计划的条件限制。比如为一个不切实际的设计方案制定一套完整的规格指标。 | 这类决策非但不能解决设计课题，对项目进展也没有任何实际性的帮助。比如口号喊得震天响，大道理一句接一句，但是谁都看不出来这有什么用。 |

以上就是具体的评估标准，这里再看一些例子，我们来看看怎么让决策更好（表 4.6）。

表 4.6　示例及评估

| 示例 | 评估 |
| --- | --- |
| 小强想要说服小明采用 3 个独立的属性把出版物分隔开。 | 质量方面，决策满足项目的目标和要求。效率方面，决策使得团队工作更进一步。 |
| 小强站在小明的立场，同意了向客户介绍基本架构的做法。 | 质量方面，这是有关进程的决议。在这种情况下质量并不会受影响，这是因为它并没有涉及质量方面，只不过是向客户进一步说明产品的原理。效率方面，尽管这么做不会对项目进展产生立竿见影的效果（由于小强的反对），但是从客户那里获取反馈有助于团队理解客户的思维和出发点。 |
| 小明和小强决定推迟关于基础导航的决议。 | 质量方面，现在判断还为时过早，但他们决定在做出决策之前收集更多信息，这有助于他们对质量做出更准确的评估。效率方面，由于决议被推迟，他们可说是停滞了项目进度。然而他们明白这个风险，不管怎么说，磨刀不误砍柴工，稳妥比积极更重要。 |

如此说来，无论决策是怎么形成的，它对于决策的好坏并不能产生重要的影响，最终评判一个决策的是决策所带来的结果，而不是决策的依据。

# 4.4 总结

本章为解决冲突、做出决策做了理论上的说明，基于两个假设：

■ 设计活动，可以简单地看成是一系列相互关联的决策。

■ 决策本身由两个部分组成：决策的本质以及做出决策的方法。

在这两个假设的基础上，我们阐释了冲突：

1. 当设计团队中的人们无法形成共识时，他们会遇到冲突。

2. 妨碍共识形成的 3 个因素：自以为是、不懂装懂和心不在焉。

3. 有效冲突有利于人们接近共识。

4. 无效冲突源于个人的自身缘故，而且通常都是由于人们的自我保护意识引起的。

5. 决策来自五种情况——说服、妥协、转变视角、推迟决议、找到共同点。

6. 评估决策好坏的标准和评估设计好坏的标准是一样的：它能否产生更好的产品？它是否有利于项目进展？

第5章

评估冲突：
到底错在哪里

"**听**了这么多，其实我们只想搞清楚关于主页您们是怎么想的。"也许您花费了数个小时时间，对诸多界面设计的概念进行了详细的调查，等客户看过之后，却说出这样的话来，想必您的信心会受到极大的打击。因为您之前的工作远远超出了客户所定义的范畴，钱也白花了，付出的努力也变得没有意义。可能一开始您就已经感觉到有些许不对劲，甚至您也知道您的一大堆术语客户无法理解，但是错到这个程度还是让人受不了。

这里说的就是一个冲突发生时的情形，姑且不论这个冲突是否有效，先看看产生冲突的原因。如果您是初次遇到这样的情况，估计您一时还回不过神来，依然停留在您的那个视角上，您未必能在第一时间找到问题的症结所在。

然而，我们没有一个可以遵循的法则来判断问题到底出在哪里。是什么妨碍了项目进程？又有什么办法来解决问题？

影响冲突的因素是多种多样的。

■ 您在整个设计流程中所处的位置。

■ 项目的条件（时间、预算，以及其他限制）。

■ 相关人员的个性因素。

■ 相关人员的角色定位。

■ 每个个人的特殊情况。

■ 项目团队的组织情况。

■ 由一部分人带到项目中的一些东西。

■ 先入为主的各种假设。

这些因素我可以一直列举下去，也就是说，根本没有什么法则可以用来判断产生冲突的诱因，团队在遇到冲突时，只能具体问题具体分析。

# 5.1　引起冲突的原因是什么？

有时候您可能会纠结于隐藏在问题表面之下深层次的那个"核心"诱因。然而，实际经验告诉我们，解决问题比找到原因更有意义（表5.1）。如果是您的朋友或心理医生，他们可能更有义务去帮您找到诱导您行为的具体原因，但是身为您的同事，他们更关心的是问题的解决。

表 5.1　诱因和障碍

| 潜在的原因 | 设计上明显的障碍 |
| --- | --- |
| "从小到大我一直是学霸，从未遇见过对手。所以对我的设计概念所提出的批评，我是无法接受的。" | "我个人接受您的批评，虽然您还是太直接了。不过我还是想知道，您能否用明确的词来形容我的表现呢？" |
| "这些实验性的方案简直就是在浪费时间，我之前工作过的那个团队就在所谓的'人才战略'上浪费了很多钱。" | "我不想参加，因为这些活动看起来就像是在浪费时间。" |
| "我害怕失败，因此总是无法完成一件事。" | "对不起，我没能完成任务。" |

毫无疑问，冲突的产生必然有深层次的诱因。说起来，这些诱因包括儿时的成长历程、艰辛的职业路径，以及个人经历。但是，不管这些东西是怎样的，最终对项目产生阻碍的是由这些潜在因素派生出来的问题本身。

## 关于情况的卡片组

在下一章您将读到关于情况、模式和特征的内容。我创造了这个名为"设计生存"的游戏的原因之一，是为了用一套卡片来表示常见的问题（图 5.1）。有时候，当我面对艰难的局面时，我翻开这些卡片来帮助我把焦点集中到可能发生的事情上。仅是排除一些不相关的情况就足以使我更好地评估真实的情况了。

图 5.1　在"设计生存"游戏中的情况卡片，这些卡片能够在问题出现时帮助我缩小可能的范围。

在上一章，我对冲突对于设计进程的重要性做了详细的论述。这一章我将深入发掘冲突的结构，建立一个词汇表来研究诱因。冲突的结构围绕着如下因素产生：人们在设计过程中做出的决策和他们的分工布局（图 5.2）。这种结构包含着妨碍共识形成的障碍，以及这些障碍的表现。焦点集中在这些概念上。

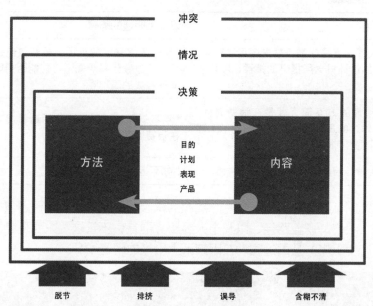

图 5.2　一个决策会成为冲突的核心所在。当人们的分歧来自于决策本身时，冲突就可能来自于决策内部。冲突也可能来自于人们对待决策的反应，这里称它为担忧。

- ■ **情况：** 一系列在设计项目中出现的典型情境。

- ■ **冲突：** 达成共识的必要条件。

- ■ **决策：** 设计过程中使设计方案更接近最终目标的选择。

- ■ **依据：** 决策中关于"怎么办"的成分，通常是得出结论的技术依据或正当理由。

- ■ **结论：** 决策中关于"是什么"的成分，决策的内容。

- ■ **担忧：** 人们感到有必要对冲突进行预防的措施。

决策和担忧基本上是冲突的根源。可以这么说，冲突的情况往往出现在这两种情境中。

■ 当人们发现他们对某项决策无法赞同时。

■ 当人们发现某些影响设计进程的障碍时。

假设小明和小强这两位设计师正在对一个仪表界面进行创意草绘，他们各自独立地进行，而后再碰头来验证各自的想法。碰头的目的是形成一个最终方案呈给投资方。

在这个假设中，有一种情况是小明和小强会面并讨论彼此的概念。尽管这些概念具有不同的意义，但是他们的争论都在项目需求所限定的范围内。两者的方案都能满足目标受众的需求，只不过各自实现的路径不同罢了。而后，他们决定把他们讨论的细节（而不是结果）呈给投资方，围绕着每个方案所应用的手段和结构，都代表着一些不同要素的集合。通过这种讨论，他们不仅能够方便投资方代表做出选择，也让他们自己对项目的重点有了更深刻的认识。

而在该假设的另一种情况中，小明认为小强的概念过于注重触控及手势操作，尽管解决了部分设计课题，但忽略了一些必要的功能。总的来说，小明认为小强可能是被一些花哨的东西分散了精力（没错，这就是关键）。在这一情境中，引起冲突的诱因有以下几点。

■ **情况/冲突**：在某些方面，小明不赞同小强，认为他过于关注花哨的东西。

■ **决策**：小强在界面设计上决定采用触控手势。

■ **方法**：小强忽略了一些必要的功能，为他的新想法腾出空间。

■ **结果**：小强的决策会使产品的功能受限。

■ **担忧**：小强认为在决策的重点上也许会被某些花哨的东西所误导。

在决策上产生的分歧属于内部诱因——也就是设计过程中出现的问题。而一个人在这个问题上的认知障碍属于外部诱因，它来自于个人的直觉和洞察力。接下来我要讨论的是内部诱因。

# 5.2　冲突的内部诱因

我们并没有什么简单有效的方法能够区分冲突类型。即使有这样的方法，有些类型的冲突也有无数的解决方案，绝没有什么万能药水。因此，设计师首先要做的是对设计课题进行详细的认知，找到问题涉及的范围，也就是导致认知障碍的关键环节。只要搞清楚这一点，设计师们就能够着手将冲突引导到富有成效的方向上来了。

在这一节，我将由内至外详细论述典型的冲突类型，这一类冲突都是基于设计决策的某一方面而产生的。下一节，我将从外向内进行讨论，解释冲突表现的不同形式。

还记得吗？设计决策包含两个方面。每做出一项决策，都包含决策的内容以及依据。内容就是决策了"什么"，而依据就是"如何"做出决策。

## 5.2.1　依据方面的冲突

"在这个界面中，我们应该采用选项卡，因为在网页设计中这是有先例的，而且它们通常也用在这种场合，我们都知道，这个网页的内容不可能超出这四个类别的范围。"通过提出这个基本的常识，设计师为他的决策找到了一种依据。

也许其他设计师会提出异议："我不同意。我们实际上应该关注可用性测试的结果，凭经验可知，选项卡无法清晰地把内容呈现给用户。我同时担心的是，如果某个选项卡中没有足够的内容，这个界面到时会变成什么样子？"

前面提到，决策的依据有时候不仅仅是技术层面的。更多时候，设计师做决策是基于一系列逻辑推理的结论。

依据方面的冲突，产生分歧的焦点其实在于选择依据的标准和原则。在上面这个情境中，第一名设计师强调的是"有先例"，以及"4 个类别"的限定。

■ **先例：** 决策的依据来自于实例，同样的做法已经应用于其他一些相同或类似的产品。

■ **类别限定：** 决策的依据在于内容限定于 4 个类别，将来不论产品如何改动，其规模是限定死的，因此不会带来任何风险。

另一名设计师的出发点是强调"经验数据"和"极端情况"。

■ **经验数据：** 决策的依据来自于团队先前从目标受众哪里收集来的数据分析。

■ **极端情况**：决策的依据是，这一方案适用于各种情况，包括极端的情况。

有时候，设计师们未必有过硬的理由，有些人认为，只要创意有亮点，不一定要拿出什么具体的依据。当然，这本身也是一种具体的依据，依据就是基于"审美需求"：设计师认为追求"高、大、上"本身就是最过硬的理由。关于依据方面的例子，见**表 5.2**。

**表 5.2 解释设计决定的不同方式**

| 依据的原则 | 说明 | 示例 |
|---|---|---|
| 先例 | 依据来自于之前类似的情况。 | "我们总是为所有事务性的交互选用首选的按钮样式，而为其他交互选用次要的按钮样式。" |
| 类别限定 | 依据在于范围已经固定，不可能再增加。 | "我们把导航放在左边的列中，这样便于将来您增加更多类别。" |
| 经验数据 | 依据来自于调查数据的支持。 | "开始的时候我们的设计针对小屏幕，这是因为我们知道目标受众主要是通过他们的智能手机访问这个站点。" |
| 极端情况 | 依据适用于一般和极端情况。 | "鉴于您的内容阅览权限是基于订阅的级别，我们会采用这种方式对内容组件进行优先级排序，这样一来即使是匿名用户也能看到一些有趣的东西。" |
| 扩展 | 依据基于之前的决策，并进一步扩展。 | "我们去掉了一些元素的棱角，因为我们需要'友好而且平易近人'的界面。" |
| 限定 | 依据来自于一些技术、业务以及组织上的规范。 | "我们把条目限制在三条以内，是为了简化后期管理人员的维护工作。" |
| 妥协 | 依据是要照顾到团队里每一个人的感受，不得罪人。 | "我们选择样式不一致的导航栏是因为处理业务的时候人们只需看见上面的文字即可。" |
| 常识 | 依据合乎常理，或者是从一些常识得出来的。 | "我们使用经典的红色是因为这个颜色是您们品牌的标志性用色。" |

在处理依据方面的冲突时，参与者真正纠结的问题在于哪种准则应该作为首

选。他们的争论大多数时候都集中在这个方面，即使革命成功了，他们也要在主义上争论一番。所谓"暴力协定"，指的就是这种情况。

## 依据方面的冲突有什么意义

无论参与者们最终是否就决策本身达成一致，在依据方面产生谋求共识是有意义的。具体有以下几点。

- **有助于设计师了解每个人关注的重点**：永远不要低估对团队做深入了解的价值。分析他人的设计决策有助于您换位思考，从而看清他人考虑问题的侧重面以及自己所忽视的盲点。

- **有助于设计师判定项目的主旨是什么**：应该让依据方面的冲突尽量在项目初期暴露出来，这样可以促使团队在后续过程中建立起一个通用的标准。也就是说，今后再出现类似的问题，某些依据——例如调查数据——会成为"正当"的理由，人们在决策时也更倾向于这些依据，从而避免在这个方面产生更多的冲突。

- **有助于设计师做出更有说服力的决策**：了解了同事们关注的重点，您所做的决策也就更加有的放矢。

- **有助于设计师对可能的异议进行预测**：有些团队成员可能会试图推翻决策的内容，通过了解他们在依据方面的立场，团队可以预防这种情况的发生，从而进一步巩固决策的权威性。

## 如何辨别依据方面的冲突

依据方面的冲突往往隐藏在关于结论的冲突之中。也就是说，设计团队可能过分专注于他们在决策内容上的分歧而忽视了某些具体的理由。

这里我给出一些用于辨别冲突是否属于依据方面的做法（**表 5.3**），这些做法能帮助您回过头来审视每个人做出决策的依据。我们假设这样一个情境：有三、四个设计师围坐在一起，对于项目本身，他们都已经了解清楚，现在他们要阐述各自的设计概念。假设他们每个人的方案都依据不同的标准，争论了半天，依然没有一方能够说服对方。表 5.3 中的例子都基于这个假设。

表 5.3 辨别依据方面的冲突有用的做法

| 模式 | 示例 |
| --- | --- |
| 摆出要点 | 每个参与者都将设计决策中的核心要点列出来，而后提炼出决策的核心依据。通过从决策的内容开始入手，参与者能够逆向推出依据的原则标准。 |
| 列出假设 | 每个参与者都把关于目标受众、业务权限和约束条件等方面的所有假设列出来，这等于是列出依据。 |
| 反思 | 作为参与者，每个人提出自己的概念，其他人则揣测他的依据，而后将他们得出的依据反馈给本人，从而让每个人的决策依据都摆上台面来。 |
| 举例说明 | 设计师可以将自己的设计概念融入到一个事例中，以此来向业务对象或目标受众提交他的方案。这种产品在实际应用中的例子能够很有效地向对方说明决策的依据。 |
| 提炼要点 | 参与者一同提交他们的概念，而后突出其中三到四个关键性的设计决策，并重点分析这些决策依据的理由。 |

依据方面的冲突属于有效冲突。这种冲突中，设计师们会透过问题表象来分析问题，会了解到对方的思路，并能在更深入的层面上理解并制定决策。

## 5.2.2 内容方面的冲突

决策的依据会导出结果，也就是决策的内容。可能您大多数时候遇到的都是这一类关于决策内容的意见分歧：人们通常反对的是他人决策的内容，而不是决策的依据。这么做也许是对的，但是在设计中，我们更关注的应该是"决策是如何做出的"而不是"决策的内容是什么"。

大多数像设计决策这样的决策，我称之为**产品决策**。产品决策包括对产品外观、质感、功能、交互、响应或工作原理的选择。总的来讲，这些都是人们能够从产品本身得到的东西。

然而也有一些类型的决策事关设计进程——绩效、计划，以及目标见**表 5.4**。

表 5.4 不同类型的决策

| 类型 | 决策是关于…… | 例如 |
| --- | --- | --- |
| 产品 | 外观、质感、功能和交互等您所设计的对象。 | 最终选定的颜色。 |

续表

| 类型 | 决策是关于…… | 例如 |
| --- | --- | --- |
| 绩效 | 设计师的贡献。 | 他们开发的产品规范，或创造的设计制品如何。 |
| 计划 | 团队选择项目组织结构的方式。 | 当一个原型完成后就进行可用性测试，而不是等设计进程走完。 |
| 目标 | 团队表达设计课题和项目最终目标的方式。 | 将"用户满意"作为该项目的首选目标。 |

这些决策类型越来越抽象——关于产品本身的越来越少，关于设计进程的则越来越多。他们是相互依存的，例如，包含目的的决策，会对关于计划、绩效和产品本身的决策产生重要影响。某类决策的内容时常会成为下一个决策的依据。

**图** 5.3 表明了每一种类型的决策之间的关系。一种决策的内容往往是另一种决策的依据。

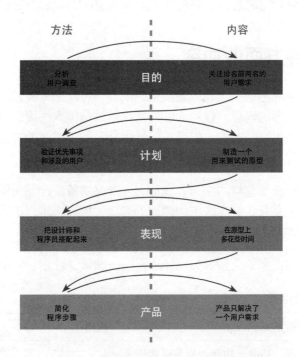

图 5.3　不同类型的决策之间的相互关系

这些复杂的联系会将冲突的实际情况掩盖起来。我们关于产品本身的意见分歧可能隐含在关于目的的意见分歧之中。

## 识别产品冲突

**产品冲突**：*例如人们对产品的外观和功能方面的意见分歧。*

产品冲突可能是最容易识别的，因为它十分具体。设计师们的分歧在于产品应该是什么样子。美学层面的、功能层面的、质感层面的、配套层面的，以及用户体验等涉及产品本身的决策都包括在其中。

如果这一类冲突是有效的，那么它很快就会回到依据方面的冲突，当设计师们的争论涉及哪种决策是正确的时候，就会涉及依据。

## 识别绩效冲突

**绩效冲突**：*例如人们对如何执行计划产生的意见分歧。*

一方面，这样的冲突可能易于识别，因为某个成员对项目所做的贡献就摆在那里，争功诿过就属于这种。另一方面，这样的冲突又是最难解决的，因为其中掺杂了太多个人因素。

在整个设计过程中，有很多活动和决策都没有体现在最终的产品中。绩效决策完全可能独立于产品决策而存在，但是，设计师们要清醒地认识到，任何设计进程方面的决策都和产品决策有着千丝万缕的联系。

有效的绩效决策往往包含程度的设定，对比这些设定，每个团队成员都知道自己能做到什么水平。

## 识别计划冲突

**计划冲突**：*例如人们对某个项目的组织结构产生的意见分歧。*

计划冲突往往源于两种情况：一是当计划内容含糊不清的时候，人们往往会去猜测并臆断项目进展的趋势。如果团队不解决这个问题，那么成员们往往会凭经验办事，而不是遵循计划按部就班。另一个是当人们对计划的路径、步骤产生异议的时候，也会产生冲突。

有效的计划冲突，会使设计师基于人们对于需求的理解来调整组织方法和路径。如果人们对计划的具体内容和步骤不清楚，那么关于计划的冲突会迅速升级为关于目的的冲突。

## 识别目的冲突

**目的冲突**：*例如人们的意见分歧集中在这个问题上：为何项目如此重要？这个项目有什么意义？*

目的是任何限制或约束项目的外部压力的一个集成术语。关于目的的冲突也许总是关于"为什么"的，但是有时候，也会涉及程度问题。关于目的的冲突也许会来自于下面这些情况。

■ **关于项目目标的分歧**：团队在"项目是关于什么的"这个问题上没有一致意见。

■ **目标不切实际或不明晰**：团队从未花时间来阐明项目的目标。

■ **关于项目条件的分歧**：在一些关键的限制条件上，尤其是对产品的规模和项目的工作量上，这些限制条件的约束力到底有多强？

关于其他方面的冲突也许最终都会升级到目的冲突的层面上来加以解决。讲清楚项目目标和限制条件会有效地平息所有其他方面的争执。一个有效的项目冲突能够做到以下几点。

■ 通过提供基本原理，使之作为设计决策的根本依据，从而为解决产品冲突提供参考。

■ 通过制定项目指标，使之作为绩效决策的根本依据，从而为解决绩效冲突提供依据。

■ 通过详细说明最终目标和限制条件，使之作为计划决策的根本依据，从而指导计划的制定。

# 5.3 冲突的外部诱因

冲突可能并非来自于决策本身，而是来自于团队成员以及彼此间的交流过程。这样的冲突诱因来自外部，而非内部。如果团队成员间的交流不畅，那么会妨碍共识的形成。最终，团队可能会变得松散，成员们会消极怠工，因为横亘在他们面前的那道无法逾越的鸿沟恰恰是紧张的内部关系。

我曾遇到过 4 种类型的紧张关系（图 5.4），在一个有效冲突过程中，它们一方面会妨碍共识的形成，另一方面会带来一些潜在的冲突。比如说，某人也许会感到被人误解或遭人排挤，这个问题当然要解决，但是有效冲突来自于决策本身，而不是人们的感受。也就是说，解决这个问题，只能靠您自己。

这种情况下，紧张的氛围成为了对话的主导因素。化解冲突是为了达成共识，如果某人处在被人孤立的位置，满怀戒心，那么他的心态首先就成为了达成共识的障碍。人们喜欢被理解、被包容，在这个前提之下，他们才可能趋向共识。

只有了解这些紧张的内部关系，您才能够从容面对它们——既解决表面问题，又能找出隐藏在更深层面的问题。

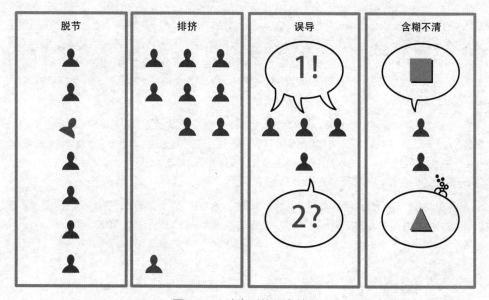

图 5.4　4 种类型的紧张关系

# 恐惧：创造力的氪石

# Denise Jacobs

*演讲者，作家*

平心而论，我相信我们都喜欢在设计上表现某种超能力。我们想通过我们的创造力树立起知名度和权威的形象，即使是在一个小的群体内。虽然没有人能够拥有像超人那样飞行、力大无穷、透视眼或是超级跳跃的能力，我仍然相信我们自身都渴望成为某个领域的超级英雄。

作为设计师，我们是非常有力量的。我们有能力把想象中无形的东西转变为现实中可用的东西来解决问题。更有甚者，我们可以透过我们的能力和努力工作使世界发生积极的改变。

然而，尽管我们可能有机会迎接辉煌，我们所习惯的成功可能被我们自身的"氪石"打败——恐惧。

如果您由于恐惧而感到虚弱无助，那么请铭记：您并不孤独。在 Clare Warmke 的《理念革命》中，来自多伦多 AmoebaCorp 的设计师 Mikey Richardson 分享了他自己的一些故事："我总是害怕自己的想法不是最好的，不光别人不喜欢，可能我自己也不喜欢。我甚至担心这不是'正确'的点子。我担心我的想法会毁掉所有事情，因此我被人揪出来。产生一个想法的过程是压力重重而又提心吊胆的。"我们中的绝大多数人都会经历 Mikey 所经历的恐惧感，极有可能我们还会担心受到批评，害怕拖了团队后腿，甚至担心无法产生什么"新颖"、"独到"或"奇妙"的点子。

我们大多数人都知道恐惧在一般情况下是没有什么用的，但是这里我要从神经学的角度来解释，为什么对于创造性而言恐惧如此有害：恐惧事实上抑制了您大脑中创造性的冲动。恐惧使得您无法思考，从而无法想出新点子来。创造性的点子，其实是大脑在创建新的神经回路时混合很多概念形成的一个新点子。通俗来讲，恐惧使您变笨，而且缺乏创造力。

您的内心会不断经历批判，喋喋不休的牢骚声充斥在耳边，反复质疑您的选择，而且怀疑您的能力。这种批判据称是您大脑的一种保护机制：它把您接收到的关于您和您的能力的批评、建议，以及误导信息整合成一个整体。有的批评会扯开嗓门，而大多数只是以一种稳定的音调嗡嗡作响，牢骚不停。

如果您习惯于认为在呈现给团队和客户之前只需要多花一点时间或精力，您的想法就会更完美的话，那么您会体验到完美主义的痛苦。您只知道：再多点时间……再调整一下……再——而后他们就会喜欢上它，而后他们就挑不出刺来，而后他们就无法说出任何负面的评价来。真是这样吗？完美主义据说是"自虐行为的最高形式"，这是因为不管您做什么，完美都不存在，就好比绝对公平是不存在的一样。

照这么说的话，您在职业生涯中取得的成功只是"傻人有傻福"而已，在别人揭穿您之前您可以继续保持这种状态，是这样吗？我的朋友，您这是妄自菲薄，因为恐惧驱使您产生这种意识，导致您没有能力去看到自身的天分，久而久之，您就会发现自己是一个无能的人。

无论您产生的恐惧是什么样的，我都可以大胆猜测：不管您付出多少努力，隐性的危机感和恐惧正在削弱您本来可以实现的创造力。您想成为超级英雄：您想为项目提供最好的创意，您希望核心理念来自于您和您的团队，但是有时这种感觉就像走过流沙一样。

为了产生一些真正拿得出手的创意，我们需要克服障碍和瓶颈，才能使您自己作为团队的一部分做出伟大的贡献。但是如果恐惧让您没法正常发挥自己的才智，那您就做不到这一点。

当然，我要告诉您一个好消息：您的恐惧是学来的，而且已经成为了习惯。

既然如此，作为一种习惯，它是可以被改变的，代替它的应是更有益于您的精神世界和职业生涯的东西。

在这里，只需要三步的过程就能够克服您的恐惧感，以便您纵情发挥您的创造力。

第一步，当那些杂音出现在您的脑子里并开始破坏您的创造力时，您要提升您的认识水平。您可以准备一个笔记本，每当这些由于恐惧而产生的意识出现时，就做一个标记。第二步，要把它们视作F.E.A.R.，也就是一种假象（译注：F.E.A.R.——False Evidence Appearing Real，fear是恐惧的意思，这里作者玩了点文字游戏，意思是真实出现的假象）。第三步就是用一个不同的想法来替换它。利用您把想象转化为视觉效果的强大能力来清除这种想法，而后想想那些您凭真才实学创造的东西。它有助于在这些时刻提醒您曾经取得过的成就。

氪石是超人的硬伤，这是故事设定的，他无法克服。相比之下，我们则有能力审视我们的恐惧感，并将它转化成有效的创造力。认识到这一点，对于正常地发挥出您的创造超能力是很有益的，往好的方面想，它们就来自于这一点。当您迈出第一步时，创造力已经在向您招手了。■

## 5.3.1　脱节

　　冲突有时候表现为两个人或多个人的不合拍。他们无法形成共识的原因仅仅是他们不在一个步调上。在这里，问题还没有严重到某人被排除在外的程度（那叫排斥，下一节我会讲到），也不是某人被误解（那叫含混不清，后面会提到）。这里指的只是团队在执行计划上步调不一致。

　　具体来说，团队中某个成员与团队整体脱节了。他只在做他自己的事情，却不知道别人的工作和成果。这些人认为他们在一个独立的轨道上前进，他们的所有工作都指向最终目标，因此合作对他们而言不是必须的。这种冲突更加微妙的表现在于，尽管团队成员工作在一起，但是没有一个人对别人的想法感兴趣——他们压根不关心他人。

　　脱节的表现非常明显。

- **面对重复性工作时抱怨：**"我已经做过一遍了！"

- **面对失误时辩解：**"等一下，那谁不是在做这件事吗？"

- **莫名其妙的推卸责任：**"我现在只等着您完成您的那部分了。"

　　如果您的团队已经无可救药地走进这种脱节的局面了，那么可以参考设计师们建立联系的做法，见**表 5.5**。

表 5.5　重新融入项目团队的做法

| 手段 | 做法 | 示例 |
| --- | --- | --- |
| 回到基本层面 | 信赖最基本的项目管理手段，服从团队的组织。 | "让我们把大家手头忙着的任务列出来，而后每个人设置一些阶段性的目标。" |
| 活跃会议氛围 | 会议时间应该用于互动，而不是单向的展示。 | "周四请来参加头脑风暴会，在那里每个人都有机会提出想法。" |
| 软硬兼施 | 批评别人的时候要提出具体的需要和请求。 | "听着，创意总监给大家同等的机会去分享他们的点子。不如我们在即时贴上写下我们的点子，并把它们贴在墙上，让大家来讨论。" |

## 5.3.2 排斥

人们感受到冲突的另一个途径就是感觉到自己被排除在活动之外。这和脱节可不一样：某个参与者也许是积极的，但是他依然被团队拒之门外。感觉到被排斥的人是不可能主动参与到团队项目中去的。

假设有两个团队成员，我叫他们小红和小丽。团队已经在某个单位的内部网络设计项目上忙乎好几个月了。在此期间，团队完成了一个雏形，并进行了可用性测试。他们决定召开一次会议来审查测试结果。小红和小丽参加了会议。会议开始之前，小丽就说她已经感觉到自己被项目组排除在外了。因为每次会议她都会收到邀请，但是期间她只有十分之一的机会可以露面。因为她赶不上项目的进度，而团队也没有注意到这一点，因此她彻底迷失了，而且感到被排斥在外。

与此同时，小红参加了每次的会议，积极参与每一次讨论，尽力在各个方面都做出贡献。当小丽提出自己的困惑时，小红说她也有同感。因为在会议上她的话时常被忽视或者否定。她的电子邮件也没人回复。这一切都不是针对她们个人的，只不过是发生在一个忙碌的大项目团队中的自然现象。

团队中的其他人则一脸茫然，一个人很少参加会议，另一个人则积极参加每一次会议，但她们都感觉到被项目组排斥在外，这是怎么回事呢？实际上，并不是说出席会议或者在会议邀请函上看见自己的名字，就能对团队产生归属感。真正要做到的事情应该是这两点。

- ■ 无论您是否参加会议，都应紧跟项目的进展。

- ■ 提一些建设性的建议，让它们能够被听到、理解、考虑并讨论。

要做到这两点似乎对与会者和参与者来说是一个不小的负担。他们有义务对他们的同事负责吗？是的，没错！这也就是这本书要讲述的东西。

您可以尝试一下下面表格里面的做法。**表 5.6** 举例说明的是当您感觉到自己被排斥时应该去尝试的事情。**表 5.7** 举例说明的是当您发觉某个同事出现上述情况时您可以尝试去做的事情。

**注：***有一点必须搞清楚，团队没有义务像保姆一样去照料每个成员，也没有义务向一个自暴自弃的人做出妥协。* ■

表 5.6　当您感到受排挤时可参考的做法

| 手段 | 做法 | 示例 |
|---|---|---|
| 设定期望 | 告诉大家您在规定的时间内能干什么，什么是做不到的。 | "嗨！我得专门拨出一半的时间处理这个项目，但是任务不允许那么长的时间。我需要更多的时间。" |
| 乐于助人 | 瞅准机会，尽力而为。 | "嘿，关于最近的会议上您所提到的几件事，我想我也许能够做点什么，或许我能帮到别人……" |
| 寻求帮助，确定重点 | 请求别人帮助您确定任务重点。 | "我感觉我好像是把重点搞偏了，因此做的事对于这个项目没什么意义。我们可以检讨一下我的任务吗？" |

表 5.7　当有人感觉受排挤时可参考的做法

| 手段 | 做法 | 示例 |
|---|---|---|
| 理清分工 | 梳理别人的视角，确保您搞对每个人的站位点。 | "让我花点时间来把每个人该干的事情梳理一下，同时告诉您们我对您们每个人的要求。" |
| 写下您所听见的 | 用看得见的东西记下某人所说的内容，做出样子来证明您确实认真听了。 | "继续说，我会在白板上记下您的要点。如果我什么地方搞错了请提醒我。" |
| 重复 | 向发言者复述他的话，以此来确保您真正理解他的意思。 | "好吧。让我搞清楚一点，您刚才说……" |

## 5.3.3　误导

"不要只见树木不见森林"，这是告诉人们不要过于关注细节，而忽略了整体全局。另一种说法也表达了相同的意思，"舍本逐末"（显然，植物用来比喻关注错误方向的人再合适不过了）。

而实际的情况是，"关注点错误"时常出现，而且不仅仅限于细节层面。我就常常出现这样的情况。在花费大量的时间去阐述整体概念的时候，我还是会对一些基本的细节念念不忘。我曾共事过的一些人就非常在意原则问题，从而忽略了设计和产品本身。有的人则全神贯注地钻研产品设计课题，从而忽略了实际情况和业务问题。有些人把精力投入到产品的使用方式上，还有的人只强调特定的目标受众而忽视了其他受众的需求。

所有这些问题，我把它们统在一起称之为"误导"，这个词是从舞台魔术中借鉴过来的。它指的是一种魔术技巧，魔术师把观众的注意力从他们的手上转移到别处，从而完成变幻。在设计过程中，误导是不提倡的。它指的是设计中的某一部分条件、问题或方案彻底掩盖了其他的部分。有时候更微妙，由于缺乏知识和洞察力，从而形成了带有偏见的视角。无论哪种情况，暴露出的都是认识上的差异。

如果团队关注的焦点是错误的，或者在这个问题是意见不一致，那么可以参考**表 5.8** 里的做法。

**表 5.8　关于关注焦点的模式**

| 手段 | 做法 | 示例 |
| --- | --- | --- |
| 列出假设 | 把所有潜在的假设都列出来，以此来促使大家看法一致。 | "首先我们得确保在促成设计决策这件事上取得一致性的意见。这样一来我们才能够确保大家的侧重点都一样。" |
| 减少分工 | 缩减任务分配的范围。 | "我认为我们想做的事情太多太杂。我们只需把重点放在……" |
| 帮我确定重点 | 请求对方把任务或工作分配的优先条件告诉您，这样一来您就知道首先要关注的是什么了。 | "让我们列个单子把所有设计决策都摆出来，然后确定一下哪个决策是我们首先要解决的。" |

# 5.3.4　含混不清

在一些冲突中，人们总觉得自己糊里糊涂的。不管是用文字还是用图片，不管他们怎么去努力，就是没法讲清楚他们的观点。有时候这种感觉就是一瞬间的事，尤其是在交谈过程中。比如人们在潦草的设计草图中无法跟上叙述的内容。有时候，这些看似微小的东西可能会影响到后续的工作，比如设计师提出的点子可能彻底忽视了创意总监的反馈意见。

第一种情况下，设计师通过草图来形容他的想法，而后向团队呈现他的概念。他们可能会面对很多提问，因为他的同事们需要搞清楚这个概念。当人们的提问涉及一个他已经提到或者涵盖到的东西时，设计师可能会产生困惑。而当他回过头再去深入地解释时，其他人的思路中断了，因此概念变得越发模糊。与其换个方式来解释他的点子，他更愿意选择放弃。

在第二种情况下，创意总监可能会火冒三丈。她可能会感觉到对方没有把自己当回事，于是可能产生把这个设计师开除出项目去的想法。因为对方实在是一个固执己见、不明事理的人，她不愿和这样的人继续共事。

如果您觉得您把大家搞糊涂了，可以试着参考**表 5.9** 中如何澄清事实的做法。

**表 5.9　关于澄清的模式**

| 手段 | 做法 | 示例 |
| --- | --- | --- |
| 承担责任 | 自我批评，以免您的同事采取自我保护；提示他们帮助您找到表达观点的正确方式。 | "我觉得我表达得不够好。请允许我从头开始，在我陈述的过程中有任何遗漏请及时提醒我。" |
| 画个草图 | 利用视觉语言来解释问题。 | "让我把我想说的画出来，这样更有利于我清晰地表达我的想法。" |
| 针对某个方面 | 通过选择某个方面并重点着手来解决问题。 | "让我们把重点放在 X 上。比起之前事无巨细的介绍，我能够更清楚地表达我的意思。如何？" |

# 5.4　冲突示例

本章开头所列出的关于冲突的要素为您提供了一个理由充足的关键词列表，您可以用它们来分析复杂的情境，但是它们无法解释所有细微的差别。这个列表的作用在于，设计师可以通过它们来预见产生冲突的真正诱因——究竟是关于决策本身呢？还是迫于压力和紧张的心态呢？找出这些障碍只是解决冲突的第一步，如何使冲突变得有效则是下一步要解决的问题。

把冲突分解成一些成分来进行分析是一种有效的手段，但这并不代表冲突就是这么回事。为了把理论和现实联系起来，我举两个示例来说明这些关键词。

## 5.4.1 情境 1 ：面对滞后的工作

小明和小强的共同任务是为某个关键性的业务指标设计仪表面板。这个面板是专门适用于企业高管层面的。小强是首席设计师，他指派小明拿出一些表示交易量的界面草图，来自与所有供货商或合作方的待定合同。尽管这个面板会涵盖更多的内容，但是交易量是最关键的要素。项目开始已有四周，团队已经深入到设计主题之中，他们已经掌握了相关术语，熟知内容的范围以及预计的功能。

小明参加审查会议时带来了一份仓促完成的草图，这份方案缺少足够的细节，而且满是柱状图和曲线图。别的不说，但是这个概念就只能反映出有限的思想和内涵。这说明一点，小明可能根本没有搞清楚项目的目的是什么。

小强决定和小明探讨这个问题，他想知道为什么小明的设计概念仍然这么落后。他也许会认为问题的关键在于**工作表现**（绩效冲突）：小明没有完成任务是因为他的懒惰。

得出这个结论之前，小强觉得至少要先排除其他的可能性。

■ **这绝不是产品冲突**：小明对小强的建议并没有表示反对。

■ **有可能是计划冲突**：小强给小明的时间还是比较仓促的，对方也许还没有充实必要的想法。

■ **有可能是目的冲突**：尽管项目开始已有数周，但是小明仍然没有搞清楚项目的真实意图。

由此，小强判定问题可能出在计划或目的方面，但他还是决定从工作绩效的角度来解决问题。

**注**：*在小强着手解决问题之前，您可以试想一下，如果是您会怎么办？*

**小强**：*小明，您要知道，我想要的概念比您所提供的要多很多。项目进展到目前这个阶段，我们的草图应该包含更多实质性的内容。另外，每个阶段的任务都是环环相扣的，而草图是可以独立于各个环节之外的，所以您应该有足够的时间去完善细节。*

**小明**：*我也知道这些东西还很欠缺。坦率地说，时间其实不够用。我打算一个小时搞定它，实际上需要两到三个小时。*

**小强**：*说实话，即使是一个小时，我也希望看到更多细节。*

**小明**：*您看到没有？这里有一个用于显示详情的折叠面板，在折叠部分我卡住了。*

**小强**：*原来您把所有时间都耗在界面的某个具体部分了是吗？*

**小明**：*的确如此。*

**小强**：*我懂了。要不这样，剩下这些时间我们一起来完善它，您看如何？*

**小明**：*好极了。有您帮我，我相信它会更好。*

## 5.4.2　情境 2：澄清设计原则

小红和小丽的设计任务是：某个销售安全产品的高科技公司需要设计一个网站。产品类目涵盖面很广，而且层次也很多，这就使得对信息的组织和筛选成为最困难的设计课题。该公司真面向消费市场发布互联网和家用网络安全产品。公司要求在保留他们的名称和标识的前提下，尽可能为大多数新产品引入更随性的视觉设计。小红和小丽所承接的项目就是建立一个独立的网页来展示这些产品。

在向创意总监提交方案之前，她们决定先做一个同业审查，也就是把各自的方案拿出来进行比对。小红的方案在设计元素的遵循了公司主页的风格，她使用了一些柔和的色调以及纹理，其他方面都和主页布局一致。相比之下，小丽的概念则使用了大胆的风格，整个页面都采用了新的配色、新的字体，她想尽量让该页面看起来和公司主页不同。

这两种设计都符合先前团队已经确定的设计草案，都能够准确表示信息，也都使用了相同的导航系统。也就是说，它们都能满足任务要求，只不过殊途同归。

一开始她们谁都搞不懂为什么彼此的方案差异这么大，经过一番讨论，她们意识到，分歧并不是在产品上，而是在设计原则上，也就是依据方面的冲突。

**小红**：*您的设计看起来不像这个公司的页面。*

**小丽**：*我知道，我只是不想过于依赖他们的视觉风格。*

**小红：**但是他们明确提出要能体现出他们的品牌和特色来。

**小丽：**没错啊，我正是这样做的呀。我的设计融入了可靠、值得信赖，以及亲和力的内涵，这不正是他们的企业精神吗？

**小红：**但是您没有遵循他们的用色原则，连 LOGO 都是错的，您修改了图案和文字的尺寸比例。

**小丽：**错了吗？我之所以减小图案的尺寸是有原因的，还记得吗？用户调查的结果说，大多数消费者都认为他们公司的名称辨识度不够，而且因为几年前的那次财务丑闻，他们对这家公司缺乏信任。所以我把 LOGO 中的图案缩小，突出名称文字。

**小红：**当然，但是客户说，他们依然需要维持与企业品牌的紧密联系。在您说的问题上，他们的做法使其自身更加公开、透明，从而重树企业品牌。因此我尽量去避免一些鲜艳的色调，并加入一些柔和的元素，但大的原则依然是遵照品牌的视觉系统。

**小丽：**但是您对用户调查视而不见！

**小红：**我必须有所侧重，我认为客户的需求更加重要。

**小丽：**所以说，这个问题我们必须同客户讨论，您说呢？

**小红：**那当然，我们应该把创意总监找来，搞清楚到底客户是怎么和他交代的。

# 5.5 总结

有时候，解决冲突并不是难事，难的是找到引发冲突的诱因：我们只是对设计方向有分歧呢？还是其他方面？如果分歧集中在设计方向上，是不是我们的认识偏差集中在设计课题上？还是限制条件上？或者是项目的侧重方面上？

本章建立了一个关键词列表，用于分析这些情况，同时阐明了冲突的诱因来自于两个方面，内部和外部。

引发冲突的内部诱因在于设计决策本身。

- **依据方面的冲突：**冲突的根源在于决策是如何做出的。

- **内容方面的冲突：**冲突的根源在于决策的内容本身。

设计决策会导出如下四种结果之一，设计师们也许正是在这些方面产生分歧。

- **产品：**关于产品设计方案的决策。

- **绩效：**关于设计师的工作和行为的决策。

- **计划：**关于项目组织结构的决策。

- **目的：**关于项目或产品目标的决策。

引发冲突的外部诱因主要来自于忧虑和紧张的心态——人们的沟通状况或是应对复杂局面的方式。

- **脱节：**某人积极参与到项目中，但是他仍然感觉自己所做的事没有意义。

- **排斥：**某人无缘参与项目。

- **误导：**面对设计课题，某人关注的是错误的方向。

- **含混不清：**某人无法有效清晰地表达自己的意思。

分析和了解这些情况，不仅需要科学的方法，更需要艺术的手段。设计师几乎没有充裕的时间来详细剖析具体情况。当他们拿出有限的时间来思索遇到的困难时，无论局面如何，他们都可以先问自己一些简单的问题——这个冲突是由设计决策的内部还是外部诱因引发的？而后，他们可以继续按照既定的战略目标大步前进。◆

# 第6章

# 冲突模型

**设**计师所从事的都是创造性的劳动。在一个项目过程中，参与者之间会产生很多复杂多样的思想交流，其间也有很多突发的事件。过去几个月里，我就遇到了这些事。

■ 客户反馈的宝贵意见从根本上动摇了团队最初设定的设计原则。一些关键的设计元素需要重新审视。负责原型的设计师顶不住压力，第一稿概念绕开了很多设计决策。

■ 团队成员玩忽职守，他们的任务完成得并不圆满，给团队留下了一个无人补漏的空缺。

■ 客户打算交给团队更多工作，但是团队力不从心。客户在提出需求时主次不分，搞得团队很疲惫。

正如第4章所说，所有这些情况都是因为没有达成共识。例如，最后这个情况里，客户和团队在相互关系这个问题上没有达成共识。

上一章里，我对冲突进行了分析，罗列了一些观点，目的是帮助设计师们搞清楚具体情况背后的诱因。例如上面第二个例子，这明显是一个关于绩效的冲突问题，属于冲突的内部诱因，但是如果领导还想借外部诱因找到解决方案，那团队成员可能会感到脱节。

为了使冲突变得有效，使对话趋向建设性，设计师们需要一个模型来描述并解决各种问题。这也就是本章要讲的内容。

# 6.1　冲突模型

对于冲突，我们可以有很多方式来进行描述，我个人认为最有效的模型是这样的，它将冲突分为三大构成（图6.1）。

■ **现实情境**：冲突的现实表现。

■ **处置模式**：解决冲突的做法。

■ **个性特质**：指导行为、影响观念的思想特征。

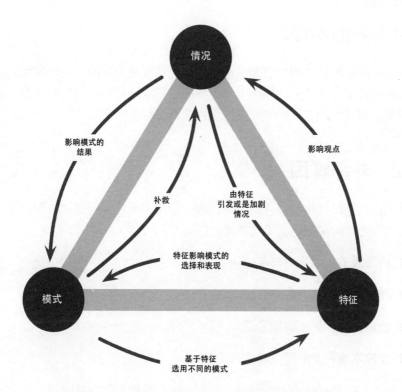

图 6.1 冲突模型：现实情境、处置模式和个性特质

这是一个简化的模型，并不是冲突的全部。但是在我的职业生涯里，我一直是参考这个模型来处理冲突的。尽管这种表述比较简单，但是很管用，我一般都会注意搜集关于现实情境、处置模式和个性特质方面的事例。这 3 个方面我会在第 9、10 和 11 章分别详述。本章的重点是解释这个模型，并提出一些方法以便于深入思考其中每个方面。

# 6.2 现实情境

上一章多次提到这个概念——所谓现实情境，就是冲突所表现出来的实际情况。发生这些事的诱因来自于内部或外部。

## 6.2.1 内部诱因

内部指的是设计决策。前面讲过，设计决策有两个方面——依据和内容。每一方面都可能引发冲突，比如某人反对我的意见或是理由。同样的决策，理由可能有很多，而设计师之间的冲突往往聚焦在理由的选择上。

## 6.2.2 外部诱因

外部指的是设计决策以外的认为因素，通常表现在人际交往方面。项目过程中，有4种方式的冲突是属于这类诱因的 。

- **行动脱节**：某个参与者掉队了。

- **遭到排挤**：某个参与者被拒之门外。

- **搞错方向**：重点搞偏了。

- **含混不清**：某个观点模棱两可。

尽管这些外部诱因有助于我们分析复杂情况并找到潜在的隐患，但它们还不够全面。

> **注**：*有时候，冲突的产生也许仅仅是因为某个人所犯的低级错误。有时候冲突是无效的，因为涉事人员的动机与项目无关，只与他们自己的小算盘相关。* ■

# 6.3 处置模式

在设计领域，"模式"指的是用于着手处理具体设计课题的做法，可以被视为一种有效的"起点"。举个例子来说，假如网页设计师要为一个长列表设计导航模块，或者是针对建筑业人员建立一个登录渠道，他都可以借助某个模式来制定解决方案。这些模式并非是全套的解决方案，而且也没有提供具体的应用程序。进入本世纪以来，在网页设计领域，模式库如雨后春笋般发展壮大起来，其中最著名的大概就是雅虎的设计模式库了。

同样，冲突模型中的处置模式与之类似，它指的是解决一般问题的思路。在论述这些解决冲突的方案时，我打算告诉设计师们一些简单的技巧，它们能够应对十分复杂的局面，这些技巧绝不是需要开挂才能掌握的高端技能，它们并不难，而且很有效。

既然"设计模式"被视为一种有效的"起点"，那么我这里所说的"处置模式"也是一些"起点"，它们是一些简单的语句或开场白，目的是让设计师们适应不同的讨论方式。有的设计师从来都只用一种方法来处理各种复杂的局面，要让他们认同我所说的处置模式可不是一件容易的事情。但是对于那些善于利用各种方法来解决问题的人来说，这些处置模式将是有效的帮助。

运用处置模式时要注意遵循一些基本的原则。

- **尺有所短**：对于一类特定的情境和问题，没有绝对适用于任何程度的唯一答案。也就是说，也许在某个特定程度的情境之下，某种模式是有效的，但在下一次遇到与之性质类似，但表现和程度不同的情境时，这种模式未必有用。

- **各有千秋**：由于不存在绝对正确的答案，所以针对同一的特定的情境，任何一种模式都有独特的实现路径。

- **知易行难**：并不是所有模式都能用于解决问题。有些模式只能用于理性分析，若要用于实践会带来不可预知的结果。

- **异曲同工**：有时候多种处置模式应用于同一情境时产生的结果是一样的，甚至实现的路径都是差不多的，但是它们毕竟是不同的模式，不能否定处置模式的多样性。相反，这恰恰说明，其中一定有一种模式是更合适的。

- **另辟蹊径**：有时候设计师们发现某些处置模式和他们自己的心理特点更加契合，用起来更加舒服，于是便把它们列为惯用模式频繁运用。然而有时候，解决问题最好的办法是尝试新东西，没准效果会让人喜出望外。

之前我介绍过 4 种引起冲突的外部诱因，相对地，我将处置模式分为 4 种（**表 6.1**）。这并不是说我将内部诱因忽略了，而是因为冲突都是通过参与者的行为表现出来的，所以我们也必须通过行为来体现处置模式的效果。

表 6.1　冲突的诱因和对应的处置模式

| 外部诱因 | 处置模式类型 |
| --- | --- |
| 行动脱节 | 产生共鸣 |
| 遭到排挤 | 鼓励参与 |
| 搞错方向 | 重新定向 |
| 含混不清 | 重新梳理 |

## 6.3.1　产生共鸣

有些处置模式能够在团队成员之间构建起共鸣，也就是消除误解。它们鼓励换位思考，从而获得共识。

**做笔记**就是这样一种处置模式。当然这里的笔记不一定是文字型的，也可以是图形、符号。这种做法会让发言者感觉到您再认真听，与此同时您自己也有机会去更正任何误解。

## 6.3.2　鼓励参与

有些能够建立起一种机制，让更多人参与到设计中去。

**讲个故事**就是这样一种处置模式。它要求对方讲一讲来龙去脉会让发言者更多地融入到对话中。

## 6.3.3　重新定向

有些处置模式能够防止参与者关注到错误的事情。找到关注点的方式有很多，有的模式是划定一个狭窄的关注范围，有的模式则要求参与者换一个视角重新审视全局。

**小步慢走**就是这样一种处置模式。往往在项目过程中，当我们要做出一个重大的改变时，我们会采取这种模式。我们首先从一些不那么突兀的小改变开始，这样做会比较务实。

## 6.3.4　重新梳理

有的处置模式能够帮助参与者换一个方式来表达意思，从而克服语义上的误解。如果两个人谈论同一事物时彼此间如同对牛弹琴，那么他们肯定无法取得共识。这些处置模式能确保设计师们表达意思时使用的是同一个语言体系。

**恩威并举**就是这样一种处置模式。有时候必须有人（通常是管理者）站出来充当替罪羊，因此我们不能只是一味的指责他，有时候也要替他说几句好话，这样是为了不给他太大压力。

# 6.4　个性特质

个性特质指的是团队中每个人的思维特点，比如他们的喜好、风格和作派。这些都是内在的、固有的，但是有时两个拥有相同个性的人在行为上的表现可能不同。

个性特质是冲突模型中重要的一环，他对于针对个人来处理具体现实情境是很有用的——很多时候我们都会遇到这样的现实情境——设计师必须了解他们自己的贡献和价值。

大多数个性特质都是用程度一类的词来描述的。有的个性特质（比如开放性）纯粹是非此即彼的二元对立，要么积极要么消极，所以设计师是否具有这种特质呢？要么就是一点都没有，要么就是或多或少有一些。有的个性特质（比如抽象思维）具有两个极端，您无法说哪个好，哪个不好。总的来说，设计师不会总是保持一个固定的个性特质以及程度，虽然每个人都倾向于自己固有的天然个性特质，但在不同的情况下他们也会调整表现的程度。

## 6.4.1　个体审视

个体审视是设计师们了解他人的一个渠道。它界定出一个范畴来谈论人们的思路和喜好。通过它们，我们能够推测出导致设计师进步或犯错的原因。然而，个体审视最重要的一方面不是分析他人，而是用来审视自我。设计师必须搞清楚自己的能耐，了解自身的局限性，认识到自己的优势和偏好。通过这种个体审视，设计师们能够更好地参与到团队中。个体审视的好处在于以下几点。

- 管理人员在分配工作时，能够针对工作负荷、节奏以及每个人的特征来有的放矢。

- 团队在做风险评估时，能够针对不同的人员在不同局面下的能力水平来做出评估。

- 同事之间在避免冲突时，能够基于对对方以及自身缺点的认识来调整交际方式。

- 设计师在做职业设计时，能够基于对自身能力以及局限性的认识制定合理的规划。

无论是用于审视自我还是定性他人，个体审视都提倡以精微化的视角来观察人的个性。初次接触某人的时候，我们都可以先问自己一些问题，这些问题都围绕下面这四个关于创新职业的特点而产生。

## 6.4.2　创新职业的四个特点

我在第 10 章会基于务实的原则阐述一些用于理解设计师优缺点的特征。那些都是一些策略性的、可操作的手段，用于评估人们在处理项目参数、选择技艺以及视角等方面的能力。

当我们接触到新同事时，您一定要问自己这样四个问题。

### 风格：他们的路数是什么？

一提到从事创新产业的人，"风格"就像他们的签名一样。在团队协作中，风格指的是"行事风格"，主要是对一个人工作表现的概括，也可以说是"工作风格"。

"工作风格"有很多，有的人雷厉风行，有的人拖泥带水；有的人比较强势，有的人则很好说话；有的人一开始就喜欢把自己的工作进度体现出来并反复征求他人的意见，有的人则喜欢埋头苦干等有了结果再待人评价；有的人很虚心，有的人则油盐不进。

优秀的合作者不仅能够鉴别不同的风格，通过调整自己的处世方式来与他人共事，而且还能够在过程中尽量做出那些能体现自身风格的设计元素。到了这个程度，这些人对自己的风格认识得非常清楚，这使得他们既好相处，又不好相处。

## 动机：他们想要什么？

一个人的动机是指导他行为的核心因素，它回答的是这样一个问题："他们想获得什么？"

我们可以假设团队抱有共同的目标——创造出好产品。实际上具体到每一个人的时候，您会发现团队成员的动机很复杂。

- 做出业绩
- 获取报酬
- 赢取机会
- 取悦客户
- 得到提拔
- 博取上司
- 证明自己
- 赢得团队中每个人的好感
- 提升工作水平
- 尽快脱身，集中精力做别的事

深入到一定程度，您可能会发现他们的动机与设计无关。尽管这些动机最终的结果都指向团队的共同目标——好的产品，但是每个人为实现这个终极目标的做法和途径可能截然不同。我们去做一件事，未必是为了那个最崇高的目的。

优秀的合作者绝不会把自己的意图藏在心里，即使他的动机是为了他自己，他也不介意向同事们公开这一点。这么做是正确的，一方面对个人而言，他可以为自己的行为设定一个合理的期望值，另一方面，团队也能更有效地与他进行沟通。

假设我的任务是向客户提供一个设计概念的草案，我不仅进度缓慢，里面也没有什么创意。在这种情况下，如果我的领导了解了我的动机，他该如何鼓励我呢？见**表 6.2**。

表 6.2　了解了对方的动机，如何激励对方

| 如果我的动机是…… | 团队领导应该这样鼓励我…… |
| --- | --- |
| 取悦客户 | "我们的客户已经迫不及待想看到您的点子了。" |
| 尽快脱身 | "我知道您有很多事，但是如果就把这些创意交给客户，后面我们得付出双倍的代价来返工。不妨让我们把这事做完，这样我们才能得到明确的答复。" |
| 证明自己 | "看起来您对考察结果不太放心，我猜您可能是害怕搞砸了。说实话，眼下正是尽可能考察更多的点子的最佳时机。这将有利于我们明确范围和要求。把这些参数搞清楚，起码能将负面影响减至最低。" |

## 韧性：他们的抗压能力如何？

如果说"风格"描述了一个人行事的一般状态，那么"韧性"则表示的是他们面对极端状况时的状态。设计项目会面临数不清的压力，有的来自于项目本身，有的来自于外部干扰。有些是在设计方向上根本的、难以调和的分歧，有些是变来变去的侧重点，还有些是波动不定的预算和无法敲定的交付日期，这些都会造成很多极为困难的境况。

指望团队中每个人都心如止水、处变不惊是不现实的。反之，要是某个兢兢业业的同事因为顶不住压力而崩溃的话，那就得不偿失了。在彼此了解的基础上，团队成员能够发现某人面对压力时的反应，要么看不懂（被逼疯了？），要么令人沮丧（真疯了！），要么一点事没有（比疯还可怕……）。

优秀的合作者一般能够预见到这些极端情况可能造成的结果，也知道它会导致人们的焦虑情绪。他们能够找到引起困境的原因，并知道如何正确地缓解焦虑，他们在遇到这样的困境时可能会说。

■ "每当两个以上的项目需要我兼顾的时候，我总是感到分身乏术，您能帮我安排一下日程吗？我想确保不出错。"

■ "上面的优柔寡断已经让我忍无可忍了，我能跟您发发牢骚吗？"

■ "看来我真的不知所措了，我可能需要修改一下计划。"

■ "最近和我共事的这个设计师简直是个奇葩，您说我到底该怎么和他相处？"

### 阅历：他们知道什么？

最后一个个性特质是阅历，也就是他们的知识、能力和经验。他们可能知道很多高级黑的技术，或者曾经在相关的行业里工作过，或者有着过人的处理问题的能力。您想知道一个人的阅历，当然可以去看他的简历，但是有经验的设计师知道，简历表格里那些东西未必反映的是实际的情况，在一些具体问题上他们的表现远远不是只言片语能够说清楚的。

更重要的是，了解一个人的阅历就等于了解他是如何参与到团队中的。在筹划项目的时候，团队领导知道，设计师不是可以一对一进行更换的，尽管他们都叫设计师。设计师甲可能在相关的行业领域经验丰富，但是他的技术水平不怎么样。而设计师乙技艺高超，但经验不足。积极的对话沟通对于团队合作至关重要，但是前提是您一定要了解对方的知识、能力和经验，也就是阅历。

## 6.4.3　如何评价您的个性特质

上一节揭示了"个体审视"不仅有助于评价他人的优点、缺点以及能力水平，而且有助于评价设计师自身。简而言之，一个人对他人以及自己的清醒认识有助于人们预测风险、填补空缺，以及互相协助。

翻到第 10 章，那里介绍了一些如何评估个性特质的观点。作为设计师，您可以试着回答这些问题，以便于从 4 个方面来更好地了解与您关系最紧密的那个个体——您自己（**表 6.3**）。我的本意不是要您来做迈尔斯 – 布里格斯（Myers–Briggs Type Indicator，MBTI）性格测试，而是给您一些工具来认识您自己。通过这些东西，您可以学到很多关于您自己的知识。但是，您要坦然面对这些问题，别自己骗自己玩。

表 6.3　用于自我评估的问题

| 风格 | 动机 |
|---|---|
| 1. 最近一次遇到困难时，您选择的是逃避还是直面？ | 1. 最近有哪个项目是您最得意的？您从中收获了什么？ |
| 2. 一般情况下，您都会尽力避免对峙的局面吗？ | 2. 最近一次您对您的工作感到不满意是什么时候的事？是什么情况导致这种结果的？ |
| 3. 要您拿出完成了半截的工作成果，会使您焦虑吗？ | 3. 作为一个设计师或创意从业人员，您未来一年、三年和五年的目标分别是什么？ |
| 韧性 | 阅历 |
| 1. 从事设计工作您的最佳状态是什么样的？ | 1. 哪些工作是您做起来最轻松自在的？做好这些工作您的把握性有多大？ |
| 2. 每天，您在桌前工作、和同事闲聊、同客户交谈，以及处理设计课题的时间各有几个小时？ | 2. 在哪些领域您的专业知识和经验是最欠缺的？ |
| 3. 最近一次真正让您感到焦虑的是哪个项目？当时的情况是怎样的？ | 3. 项目中的那一部分能让您做出最大贡献？ |

# 6.5　三大构成之间的关系

冲突模型不仅包括现实情境、处置模式和个性特质这三大构成，还包括它们彼此间的关系。也就是说，了解冲突，我们不仅要了解构成冲突的 3 个组成部分，还要了解它们相互间产生的影响。

## 6.5.1　现实情境 < > 处置模式

现实情境和处置模式的关系是该模型的精髓所在——即设计师在运用处置模式（具体行为）解决具体问题时，发生在脑子里的那些东西。现实情境反映的是两个人之间的差异——产生分歧的焦点或是分歧本身。他们必须通过运用一定的处置模式来促成共识。

它们之间的关系是双向的，如果处置模式会对现实情境产生积极的影响，那么现实情境也会对处置模式的效果产生催化作用。

这期间，请牢记以下几点。

- ■ **选用正确的处置模式**：对症下药，要具体问题具体分析。

- ■ **正确地运用处置模式**：用药适度，如果您有很多种做法都源于同一个处置模式，那么您要认识到，实际操作中它们可能会表现得很不一样。

- ■ **关注处置模式的结果**：注意疗效，如果在不同的现实情境中或是同一现实情境的不同方面都运用相同的处置模式，都可能导致不同的结果。

## 6.5.2　处置模式 < > 个性特质

设计师的个性特质会对处置模式产生影响。

- ■ **对选择的影响**：个性特质某种程度上反映的是人们的世界观和价值观，这直接左右着他们对处置模式做出的选择。

- ■ **对运用的影响**：设计师们的个性特质包括了影响他们行为的性格特征，这影响着他们对处置模式的理解和行为方式。

- ■ **个性特质导致惯用的处置模式**：设计师们的个性特质包括优点和个人喜好，他们可能更擅长并倾向于特定的处置模式。

- ■ **处置模式对个性特质的巩固**：如果某种特定的处置模式屡试不爽，那么设计师可能会将它慢慢变成自己的某种个性（甚至性格）固定下来。

## 6.5.3　个性特质 < > 现实情境

设计师的个性特质会对现实情境产生如下这些影响。

- ■ **引出现实情境**：某种个性特质产生的行为会导致现实情境的发生。

- ■ **加剧现实情境**：除了引发情境，某些个性特质会进一步加深误解，从而使局面越发糟糕。

- **凸显个性特质**：另一反面，有些现实情境会将某人的个性特质进一步放大，这就更糟糕了。

- **回避现实情境**：有时候，设计师意识到自己的臭脾气可能不适合应对某些情境，于是他们采取回避的姿态。这么做有可能加剧冲突，或者引发其他现实情境。

# 6.6　模型的实际运用

现在我们在一个现实的冲突示例中来套用这个模型。

假设某个设计师没能完成所承诺的工作任务，项目领导必须出面解决这个关于绩效的冲突。我们来套用一下模型。

**现实情境**

- **进度不够**：分配的任务没能完成。

**设计师的个性特质**

- 他比较内向，不善沟通。

**项目领导的个性特质**

- 他是个急性子，每天他都要过问项目进展，即使一项工作没有做完，他也要把进度分享给大家，以便于及时获取反馈。

**项目领导的处置模式**

他选择了两个处置模式来评估现实情境。

- **肯定成绩**：领导首先指出，设计师所面对的是一个特别困难的设计课题，之前他干得都不错，但是这次没能完成任务。

- **问清缘由**：领导问了设计师很多问题，试图找出他拖延进度的原因。

项目领导了解到，设计师之所以没完成任务是因为手头没有足够的资源，而后领导运用了这些处置模式来解决问题。

■ **您的第一步是什么?** 项目领导首先澄清了任务，并安排了后续的任务，而后他要求设计师拿出实现这些目标所采取的第一个步骤。

■ **构筑起点**：项目领导草拟了一些初步的构思，从而帮助设计师在缺少资源的情况下突破难关。

接下来，项目领导还必须面对投资方代表，向他们解释进度拖延的原因。

# 6.7　总结

这一章描述了冲突的模型。它有三大构成。

■ **现实情境**：冲突的现实表现，也就是冲突发生时，摆在台面上的东西。

■ **处置模式**：设计师们为达成共识而采取的行动参考。

■ **个性特质**：影响设计师对现实情境和处置模式的看法的思维和性格特征。

模型中的每个构成都会影响其他构成，现实情境会决定处置模式的选择和人们对它的反应。处置模式会受到现实情境和使用者的个性特质的影响。个性特质则影响着人们对待现实情境和处置模式的看法和反应。

关于这些构成，您可以在第 9、10 和 11 章找到更多的信息。

# 第7章

# 协作的原理

**看**了前几章的内容，您是不是觉得那些牛逼的团队整天就忙着吵架了？如果您真这么想，那我建议您回过头去再读一遍，直到您搞清楚冲突和吵架的区别为止。

之前我们说过，冲突是设计的引擎，要让引擎运转起来，就需要燃料，那么催生团队工作效率的燃料是什么呢？就是协作。关于怎么开展协作以及如何激励员工的协作意识，这样的书数不胜数。我觉得大卫·科尔曼的《关于协作的 42 条军规》正是其中的佼佼者，在"协作工具"这一节里，第 31 条军规说的是——

**协作工具应该是简单的。**

实际上所有的工具都应该简单易用，协作工具也不例外。这条所谓的"军规"其实隐含了一个意思，协作远远不是某个工具或技术能够描述的概念。协作是一个系统，它包含了人们对文化、理念，还有很多用于提高团队效率的工具的依赖和信任。而最核心的一条就是，协作永远比单干要好得多。

这一章将详细解释协作的这个简单的定义：

**相对独自进行的设计工作来说，协作能够产生更好的产品。**

本章我们将注意力聚焦在协作与群体思维之间的联系上，澄清一些关于协作的模糊认识，最终是为了我的协作模型奠定基础。

# 7.1　协作的定义

所谓"协作"，说到底就是"一起工作"。但是对于设计团队来说，这样的定义还远远不够。有的人总是以为自己的创意独步天下，对他们来说，与他人共事毫无意义。

## 7.1.1　远远不止是"一同工作"

"生产产品"是这个定义中很重要的一个部分。任何创新性的劳动过程中都会出现一种叫做"死循环"的问题——人们在一个问题上转来转去，就是没办法达到更进一步的那个临界点。看起来"死循环"还是挺积极的，因为团队正努力让一个点子越辩越明，然而，更可悲的是，这种"死循环"会让其他未参与讨论的成员们产生一种"等靠思想"，他们会等着您们敲定了再开工，否则做什么都是没有意义的（没错，我曾为有关部门工作过，您问这个干嘛？）。

所以说，协作必须指向产品，而不是简单的创意。这一定义的第二层含义是说，协作产生的产品一定优于独立完成的产品。这就能够得出两个推论（图 7.1 ）。

■ **关于视角的推论**：设计得益于多元视角。

■ **关于生产力的推论**：产品的复杂性决定了所需的知识和资源不可能由个人全部掌握。

**关于视角的推论**

**关于生产力的推论**

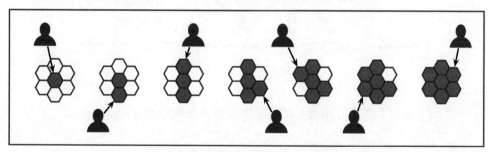

图 7.1　关于视角和生产力的推论

## 多元视角的融合

之所以说"协作能做出的产品是您个人无法做到的"，其中一个重要的原因在于对多元视角的融合。不同的人有很多不同的方法来推进设计进程。关于设计进程，有一种比较常见的描述，人们称之为"钻石模型"，指的是一开始产生很多想法，随着反复筛选，最终将上述想法融合成一个单独的创意（**图 7.2**）。

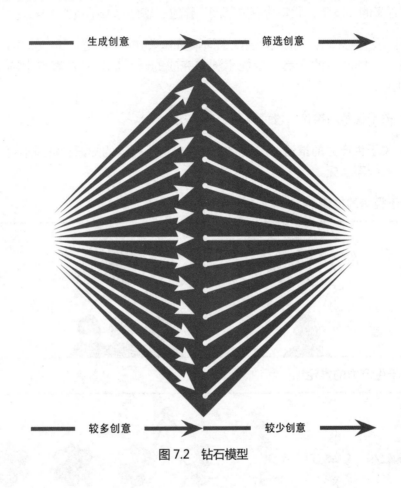

图 7.2　钻石模型

我们分析一下就可以知道，有很多可能的因素影响着这一进程。

■ **创意**：点子的数量的多少自然影响着筛选的工作量。

■ **提问**：不同的人提出的问题会涉及更广的范围，这一方面能更加全面地验证创意，另一方面也能激励人们产生更多的点子。

■ **约束**：不同的人看待设计课题和限制条件的方式是不一样的，这会产生不同的设计创意，也会引入不同的设计评价标准。

比起个人来说，团队改善设计理念的机会更多——更多的大脑参与评价、质疑、阐述和贡献。

**生产力分配**

在很多设计领域，产品和产出异常复杂，已经远远超出一个人能够掌握的知识范围。比如在建筑设计领域，设计师也许能够独立完成一套居室的扩展设计或改造，但是要设计并建造一栋摩天大楼就是另一回事了。

也就是说，即使团队中只有一个设计师，他也仍需要同其他人密切协作来实现他的设计。如今的产品需要跨越许多不同的行业和学科，这不仅仅发生在建筑设计或网页设计这样的大型项目中，而且发生在类似呼叫中心流程（a call center process）或住院病患药物摄取监控（hospital patient intake procedures）这样的小项目中。这些情况下，生产力指的就是人。简而言之，一个设计概念的实现——实在的、虚拟的，或者是基于服务的——都得依靠他人。

尽管说，在视角和生产力方面，更多的人意味着更大的优势，但是要搞清楚，更多的人和更好的产品之间不能简单地画等号。协作并不能确保质量。实际工作中我们发现，有时候团队协作造成的损失大于产出，还不如个人独立工作。这种时候，要警惕一件事，那就是群体思维。

# 7.1.2 协作 vs. 群体思维

群体思维是一个社会心理学的概念，它指的是团队成员们为了"求同"而不惜舍弃"存异"的现象，人们宁可选择从众也不愿意发表不同意见。反对协作的批评者们就经常拿群体思维来谴责它，认为协作会导致群体思维的出现。事实上，无原则地顺从不是协作的本质。相反，如果协作过程中出现了群体思维，那么一定是协作出了问题。

卡罗尔·德威克——那位建立了心态模型的心理学家——借用群体思维来说明固定性心态的危害性。固定型心态的人认为人的才智和天赋是与生俱来的——再多的努力也无法改变这一点。这样具有固定型心态的人，尤其是领导人，会破坏团队的执行力。她在《心态：新成功心理学》中，提出了对群体思维的 3 种解释。

- "群体思维产生于人们对一个天才般的领导人充满无限信任时。"

- "群体思维产生于团队被骄傲自满情绪冲昏头脑的时候。"

- "群体思维也产生于某个具有固定型心态的领导人打击异己的时候。"[1]

反对这一说法的人有时会拿这一点来攻击她，说她是反对协作的。事实上，协作如果出了问题，会表现出与群体思维相同的征兆。但是协作必须组织好，以避免这些风险。

- 协作需要坚强有力的领导，需要有人做出决策，但绝不需要独断专行的那种人。

- 协作需要一套成功的标准，好让每个参与者找到自身的优劣。

- 协作需要一个安全的空间，在这里所有参与者都有反对的权利，人们应该建立起一种机制来防止盲目的从众对产品质量产生负面影响。

这里说的只是征兆，不是结果。协作即使是有问题，也不会出现群体思维那样冒进的风险。而群体思维产生的答案，只要稍稍借助一点协作的力量，都会好很多。协作则不一样，一旦协作出现问题，导致的结果正好相反——事倍功半。人们对协作的这种认识导致了对协作的一般性误解。

# 7.2　对协作的误解

人们对协作的误解主要集中在这三个方面。

- 他们对协作的理解**过于简单化**。

- 他们认为协作**效率低、效果差**。

- 他们**错误**地关注着协作的**某一个方面**。

协作远比他们想象中的复杂，效率和效果也远超他们的预期。协作是一种习惯和文化，而不是工具或动作。

---

1　以上三句话分别出自《心态：新成功心理学》，第 134、135 页。

## 7.2.1  认识过于简单

有时候人们认为协作是一个非常简单的词汇，他们忽视了协作所需的规划、组织和架构。基于这种过于简化的认识，会产生 3 种常见的误解，接下来就是对它们的讨论。

■ **只需要让那些聪明人参与进来就行了。**他们常说与聪明人打交道很愉快，以此作为他们的理由。然而，协作需要的不仅仅是参与者的智商，它更需要的是一种促进合作的框架机制。也就是说，与智力同等重要的是自觉参与协作的意愿。

■ **只需要把人们关在一起就可以了。**协作可不只是要人们面对面就可以了，它一定要植根于团队文化中，只有这样，团队才能称得上是一个团结共事的集体——相互帮助、批评并提高——不一定要在同一间屋子里。

■ **只需要按照之前的做法去协作就可以了。**团队的协作机制不可能是一成不变的。好的协作机制都源于相同的价值观念，但是每个团队都必须拥有属于他们自己的节奏、做法和习惯。

## 7.2.2  效率低下，效果不佳

在协作的差评里有这样一条：投入大量的时间精力却产生很小的价值。这种观点会让工作分配的机会成本大打折扣，这后果和"把人们关在一起"是一样的，此外它还会产生 3 个误解。

■ **最好的点子来自于独立思考：**有时候，反对者们认为独立思考者更加成功，这恰巧迎合了那些内向的人。从很多方面来看，这种观点都是目光短浅的，尤其是关于协作对创意的催化作用方面，它把协作定位成一种简单的机制。

■ **头脑风暴没有用：**将协作定位成无效的头脑风暴是更进一步的误解。一方面，协作包括头脑风暴。另一方面，头脑风暴要是组织得好的话，也会很有成效。

■ **委员会式的设计没用**：所谓"委员会式设计"，指的是那种所有设计决策都由团队成员集体讨论决议的设计方式。有的人担心自己的个性成了集体决议的牺牲品。构建决策机制是协作的一部分，但这并不是说一定要追求一致的共性。良好的协作会让每个人都有机会去做他们最擅长的事情。

## 7.2.3　以偏概全

良好的协作一定是建立在团队文化之上的，表现在团队的运作和成员身上。有些对协作的误解在于，他们只关注协作的某个方面，忽视了更大的整体。

■ **协作的重点是工具**：有的人认为协作的重点在于工具——文件共享服务、电话会议系统、屏幕共享软件等——而不是这些工具支撑起来的协作文化。

■ **协作是项目计划的内容**：另一方面，有的人只关注协作中的动作，他们以为多组织集体活动就是协作，以为计划里有协作的活动内容就算是一个协作良好的团队，实际上他们没有提供合适的平台或者激励机制。

■ **协作是一种技能，而我并不擅长**：最终，人们会认为协作是一种技能（而固定型心态的人认为技能和才干是天生的）。实际上协作跟技能的关系不大，倒是跟行为习惯关系更大。有些人认为，既然协作是一种行为习惯，那么协作是不可能的，因为这和他们的个性不符。由于协作是一系列的习惯、意向和做法，它应被视作一种文化，而不是技能。

## 7.2.4　协作也有不奏效的时候

有的团队领导也想鼓励大家协作，但是他们的做法如果是基于上述某一个误解的话，那是不奏效的。例如，他们想要部署新的文件共享系统或是想要建立一种新的头脑风暴机制，但是在此之前，没有做好关于协作文化的基础工作，他误认为协作的重点是工具。如果您遇到这样的情况，即使它是错误的，也别急着一棒子打死它，它也有可取之处。失败的尝试，其价值在于鼓励团队去审视工具、活动或是团队本身，找出问题的所在——是工具呢？还是团队文化？

# 7.3 协作的构成

如果协作仅仅是"一起工作"的话，那么从哲学层面来看，它可以从 3 个方面来体现：工具、心态和文化。

- **工具**：协作的平台——不仅仅是实在或虚拟的工具（例如文档扫描仪和文件共享软件），还有技术手段和活动行为。

- **心态**：团队成员个人的态度和喜好决定了他们认知和行为的基调。

- **文化**：政策、规章和企业精神合在一起，决定了设计的背景。

## 7.3.1 工具

就算您对设计团队一无所知，但是对他们使用的工具还是能说得上一二。例如，很多创新团队使用的是简单的数字传输渠道，就像电子邮件。有的也许会使用即时通信软件，利用视频聊天或远程屏幕共享技术。在协作中，这些工具各具优点。它们能够协调团队成员的活动和沟通效能，实时反映项目进展，甚至将协作导向更高的程度。团队使用的工具能够反映团队协作的风格，但还不足以衡量团队协作的效率。

极品团队总是拥有最多最全的工具集合，以便于应付各种不同的情况。协作中最好的工具选用原则应该是这样的。

- **冗余**：协作工具应该有功能重合的部分，以防某种工具失效时整个协作瘫痪。例如，视频聊天软件可以多备几款，QQ 挂了咱还有 Skype，Skype 被封了咱还有世纪佳缘，您说是吧？

- **差异**：撇开那些重合的功能，各种工具之间细微的差异有时会成为关键的决定因素。这些细微的差异有时候在特定情况下可能会带来特定的风险。同样是手机，我回家的时候就从来不带那部跟小丽通话的机子，您懂的。

- **跨平台的通用性**：协作随时随地都在进行着，所以这些工具必须适应这种情况。例如，云存储技术是一种文件共享服务，用户可以在很多设备上访问它——办公桌上的电脑、火车上的笔记本电脑、马桶旁的智能手机或平板电脑。

## 软件工具

您的团队至少需要这些软件（我假设您已经有电子邮箱了。什么？没有？您家人知道吗？）。

- 即时通信软件（Google Talk、Skype、QQ、旺旺、微信等）。

- 语音聊天工具（Google Chat、Skype、QQ、旺旺、微信等）。

- 视频聊天工具（谷歌环聊、Skype、QQ、旺旺、微信等）。

- 日程表软件（Google Docs、印象笔记等）。

- 状态指示器（显示您的在线状态，例如 Skype 和 QQ 中的"正在输入…"、"在线""忙碌""我在吃饭，有事留言"）。

- 屏幕共享（GoToMeeting，Skype，QQ 截图、旺旺截图、远程协助等）。

- 文件共享（Dropbox、OneDrive、QQ 网盘、百度网盘）。

- 文档共享（如在线电子表格和文字处理服务 Google Docs，OneDrive 有 Office 文档在线处理能力，金山网盘貌似也可以）。

- 项目管理软件（Basecamp）。

- 分工共享机制（这个您可以使用电子表格来做，Excel、WPS 都可以）。

- 项目时间跟踪软件（Harvest、TimeTracker）。

是的，有的软件集成了其中的很多功能（比如无所不能的 QQ 系列），但我还是习惯四处注册用户，因为我要保持一定的冗余。对于其中一些，例如您的日程表或项目管理软件，或是您的文件共享软件，您最好能使用同一个账户下的功能，这样一来人们就知道去哪找信息（咱们有 QQ，足矣。如果 QQ 都挂了，那您歇业整顿，给员工放假好了）。至于别的嘛，团队可以量体裁衣、看菜吃饭。

## 创新协作的技术与方法

至少有几十本书是关于创新活动中协作技术的，分别描述了人们在创新过程中可采用的方法。我这本书可不想成为这些技术的集合，本书是关于良好行为和习惯的指导手册。（接下来几章会提到）尽管有些软件已经包含了多数技术和方法，但仍有少数方法和技术有必要亲自掌握。

## 结构化的头脑风暴 [1]

协作完胜头脑风暴（参见"关于协作的误解"一节），但头脑风暴仍然是一个关键因子。那些关于创新协作的书里面提到了关于头脑风暴的设计、组织和促进的方法。

例如，我的团队使用的是一种叫做**"设计工作室"**的技术来草拟并提炼点子，在这个过程中寻找灵感和印证。这种方式是结构化的，团队可以专注于单个方案，生成很多点子，而后把注意力集中到少数几个有前途的方向上。

## 结构化的反馈机制

设计师必须依赖建设性的反馈意见。敷衍和盲目的肯定对设计而言是致命的。因此，良好的协作团队会以科学的方式来构建一种反馈机制。

例如，我的团队在项目计划中采用的是**"同业审查"**机制，以确保设计师们在拿出最终设计方案之前，能从之前每个阶段性成果中获取充足的参考信息。

## 业绩回顾

设计师的整体表现、所做的贡献以及履职情况都需要及时不间断的反馈。

例如，我的团队会把年度业绩考察与更多非正式的**季度或阶段考察**绑定到一起进行综合评估，这些阶段性的考察更容易及时发现问题，从而确保人们的活动始终围绕着既定目标开展。

## 定期分享工作进度

定期召集大家开会，目的在于让各个项目组织间保持良好的沟通，从而加强整个团队及各个部门之间的关系。会上，设计师要准备好简要的说明，重点讲工作进展情况。

---

1 注：梦幻般的头脑风暴技术，请参阅戴夫·格雷、桑尼·布朗、詹姆斯·马克努夫合著的《头脑风暴：创新、变革＆非凡思维训练》，以及迈克尔·迈查克的《创意思考玩具库》。

例如，我的团队每月都会举办一次**"互助会"**，会上每个人都有 8 分钟时间针对自己的工作情况做一个汇报。没做完的工作就讲进度，完成的工作就讲经验。会议的目的并不是要点评谁的工作，更不会去批评某人，只是让大家换个视角来看待项目，就像是设计团队的《坎特伯雷故事集》。以前，我们也试过在会上讲评工作，之后发现这么做不合适。

## 规划任务

团队在协作过程中需要处理很多问题——哪个人在干什么，什么时间做什么事，谁的工作依赖于谁的工作，等等。这些有关任务规划的对话机制可以很正式，也可以非正式。定期或是随时召开协调会都可以。

我的团队每周一都会召开碰头会，项目主管从**顶层设计**的角度来讲明每个项目的目的，从而使得每个团队成员都可以对这一周的安排有个大致的印象。每一个项目组内部每周也会召集一次，对任务进行**研究和分解**。小一些的项目组不一定要定期组织这样的活动，可以按需召开。

## 基于工具的障碍

设计团队必须借助工具来体现协作的价值（下一章会提到这个问题）。当然，工具都是实在的东西，它们必须发挥实际作用。选用合适的工具本来就不容易，更别提把工具从头到尾讲一遍了。如果工具不可靠、不合适或不实用，那么它也会妨碍协作。

## 是否可靠

当您要开始您的演讲之前，发现投影仪颜色不精确，或者在线会议开始半天了，您才发现您的语音设备没有连上。如果任何事一开始就出现这样看似轻微的技术故障，会让人感到提心吊胆。

解决的方法是冗余配置。在参加电话会议或展示设计理念的时候，可以多设置几个备用的工具，当一条路出现问题时，您可以走另一条路。

## 是否合适

选择合适的工具或技术应该不是一件容易的事情。这更多地是涉及技术方面，比如您知道该干什么、该说什么，或者知道是否采取头脑风暴的方式，但您不一定知道哪种工具是合适的。因为选择的正确与否取决于具体问题。做项目规划时，如果一部分投资方代表决定不参加，那么就有必要从全局层面来进行整体规划，而且会前要先集思广益。反之，如果投资方对每个设计决策都感兴趣，那么就要换用另一套工具。

这里的关键在于要搞清楚每种工具的细微差别，这样您就能依据自己的需求选用正确的工具。您也会预料到可能出现的问题，因为您了解它。比如，谷歌环聊对参与者的数量是有限制的。

另一种解决方案：每个项目都留有一块小空间，用于验证工具，这样您就能发现不同的技术在不同的情况下表现如何。同时您也可以扩展对技术、方法或工具的认识，从而确保将来能更好地选取并运用它们。

## 是否实用

工具的效能会受到各种约束，例如团队的人员构成、项目的性质、周边的环境。具体来说，可能是以下这些方面。

- **人员构成**：成员不熟悉工具；无法访问服务；成员们利用远程机制开展工作。

- **项目性质**：预算、时间或资源不足，无法运用该工具。

- **周边环境**：团队没有在工具使用上追加投资；团队自身受到地域限制。

例如，我可能要召集很多人开一个头脑风暴会，但是团队成员分布在很多地方，而预算又不够支付那么多的差旅费用。这时候团队需要定下决心，比如那些人必须亲自到场，或者找出其他的技术解决方案。上一个项目中，我们利用了一个类似于视频聊天室的电视电话系统来召开这种会议，虽然省了一大笔机票费用，但是它有它的局限性，下次我们已经知道该怎么办了。

一旦对工具的局限性有了了解，团队就能够预见到不实用的方面。他们能够对风险做出评估，最差情况下，他们知道面对的是什么问题，不会一头雾水；而最好的情况下，他们能够减轻负面影响。这也是进一步熟悉工具的方式。

## 7.3.2　心态

工具会产生的障碍是长期客观存在的，因此团队一直在寻求更好的工具。

除此之外，妨碍协作的还有个人的消极态度和错误做法。

第 2 章我们曾讨论过心态的问题[1]，下一章我们会重点讲影响协作的心态，第 12 章将会介绍那些表现出协作特点的行为方式。现在，我们先来看看来自于个体内部的协作障碍。

### 基于心态的障碍

替换一种工具可能有些难度，但是您可以想象一下这个过程。您大概知道这么做会有什么影响，您可以用某种文件共享服务来替换另一种，或者引进新的头脑风暴技术。但是如果要您替换您自己的心态呢？这就更难了。工具、不适以及疑虑会制约一个人的协作能力，这一点是根深蒂固的。

可以说，这一类问题中随便哪个都可能阻止设计师参与到协作中，因为这些会阻止他们去接受协作的价值（下一章具体讨论）。更糟的是，有些协作流程方面的问题会在某种程度上使设计师处于不利的地位，他们的缺点会暴露出来，这迫使他们采取自我保护的姿态。

一般来说，基于心态的障碍会阻止人们的协作行为，就像第 12 章所说的那样。这种障碍体现在两个方面。

- **业绩停滞不前**：在分配的任务上没有达到预期。

- **干扰他人**：妨碍他人的积极表现。

我不是心理医生，所以关于如何消除这种疑虑，我也无法提供建设性的建议。面对我自己的问题时，我得承认从意识到问题存在到了解问题本质需要一个漫长的过程。对别人的这种心态采取容忍，有助于您把握并控制这种恐惧的影响。但是就算您能做到这些，要重新构建一种心态仍然不是一件顺利的事情。

---

1　这里需要为那些性格内向的人正名：有些人需要个人空间来调整自己的状态，您不能仅凭这一点就认为这个人没有协作意识。容易害羞的人和别人一样，都可以从协作中获得满足感，只是表现形式不一样而已。

**困难的局面**

大多数关系到心态的障碍其实是主旋律的变奏形式，是同一音符的不同演绎方式。您可能已经注意到（或经历过）其他的形式，在这些形式里，人们纠结的是他们自己的问题。这些心态会引发很多棘手的情况（第 9 章里我会做进一步的阐述）。

信心缺乏：大多数设计师在职业生涯中都会遇到这样或那样的问题。如果他缺乏自信，那么他们的反应可能是试图证明自己，或者退出协作。

■ **自我膨胀：** 过度的自我意识会破坏与他人的合作，妨碍他人做出应有的贡献。

■ **惧怕失败：** 对失败的恐惧会以许多不同的方式表现出来。设计师在应对挑战时也许会犹豫，因为他们都害怕失败。如果他们拒绝寻求帮助，那就会带来更多的挑战和焦虑。

■ **信任缺失：** 设计师可能信不过他的队友（也可能是过于自负），因此不会让别人来分担责任。

■ **兴趣不足：** 每个人都很忙。有的人可能手头还有更重要的项目任务，他们的心不在焉可能会导致他的参与性大打折扣。可能这种问题看起来没有别的问题那么明显，但是这种态度本身以及它所表现出来的那些行为对项目是很不利的。

■ **不堪批评：** 有些人对待批评的反应是很差劲的，即使良药苦口。他们总是采取自我保护的姿态，想要和这些人开战富有成效的对话是一件很困难的事情。

■ **定位不准：** 由于彼此间缺乏信任，以至于有的人会越界。尽管这种"热心肠"能够作为某些高效率团队的优点，但更多时候它会伤害其他团队成员参与的积极性。

■ **因循守旧：** 有些人的不安全感来自于对新事物的恐惧。他们坚守已有的做法，不能适应特殊情况和多变的情形。

这样的例子您可能可以从自身经验中找到一些，也许您还会有一些其他类型的恐惧、不适合疑虑。反正我的职业生涯走到现在，每个阶段都能看到这些例子。

## 7.3.3　文化

文化是团队、单位或工作场所构建的一个包含了政策、程序和激励机制的系统，是团队运作的环境。文化可能不会对项目产生直接影响，但是它会影响到团队运作和绩效表现的方式。例如，有的咨询公司有一种加班文化，他们要求员工在没有任何补偿的情况下每天工作 10 到 12 小时。有的设计团队的文化本来就对设计的价值持怀疑态度。

虽然这两种立场——加班有理、质疑设计——影响的是项目的样式和进展，但它们对协作也是有害无益的（有一种意见认为，长时间的共处和小团体意识有助于在协作时建立起深厚的情谊，但是这种在人为逆境中建立起来的友谊并不利于形成一个高效的团队）。

### 基于文化的障碍

文化是协作这张椅子的第三条腿，同时也是设计师个人最难掌握的因素。如果团队的基石都不可靠，那将会带来不可估量的损失。在这种情况下，协作中最不明显的默契问题都有可能把局面拖向深渊。设计师们和团队在协作时可能会遇到来自文化方面的障碍，例如恶劣的工作坏境、不合理的组织间壁垒和一些抵制协作行为的政策。

### 不合适的工作环境

创新团队的工作场所一定要能容纳不同类型的活动。完全隔离的工作间和开放的场所分别是两种极端，每一种都不适用于创新团队。设计师们需要的工作场所应该有以下特点。

- 能够召开大型的头脑风暴会议。

- 能够举行小型的设计校审会议。

■ 每个人都能够安静地工作。

■ 能够让每个人参与到电话会议中。

## 不合理的组织间壁垒

尽管我们为了提高效率，会依据分工设置不同的组织结构，但是各个部门的独立运作会成为他们彼此沟通的障碍：可以说从制度上就决定了组织中的某些人不能同另一部分人交流。一项工作中，如果某些关键人员之间无法直接沟通，那会让团队协作变得很困难。例如，制度规定，底层的设计师不能直接同投资方见面沟通，如果有什么问题必须同对方交涉，他也只能将问题层层上交，直到对方的回复再一步步传达到他这里，他才能继续下一步的工作，这显然降低了效率。

## 过分强调竞争的激励机制

设计师乐于解决问题，因此引入竞争机制有利于激发设计师的积极性，但是没必要把它作为主题。前面提到过"钻石模型"，虽然看起来设计就是将大量的创意汇集起来，而后筛选出最优方案，但这中"优胜劣汰"只是设计过程中一个很小的部分。优秀的强大团队会让每个人都对团队产生归属感和依赖感，就算最终方案跟某成员一点关系都没有，但他仍能找到自己的价值所在。

企业文化可以强调竞争，通过奖惩机制，让竞争机制成为组织一切创新活动的主要载体。但是如果把竞争机制作为一种持续性的企业文化，随着时间的推移，人们会把更多的注意力放在竞争和奖励上，从而忽视了设计课题，这就本末倒置，得不偿失了。

显然，某些政策和约定的做法也许会间接地抑制协作。例如，差旅费自行承担的规定肯定会打消人们亲自赴会的积极性，导致有时候该来的人没来。也就是说，政策的制定不可能只考虑协作的因素，作为参与者，您必须看清楚团队文化对协作的影响。

# 通信工具能否为协作提供丰富的信息环境？

## Jeanine ·Warisse·Turner

*乔治敦大学博士*

有时候我们会工作在这样的环境下——同事恰恰是我们最喜欢的人，他们也喜欢我们的创意，我们之间能够接触到的所有肢体语言、口吻以及那些只可意会不可言传的线索都能够支持并强化我们想要表达的意思。这样的协作氛围已经是最理想的了，但是即使是在这样的情境之下，协作仍然有可能出现问题。上面提到的这些因素中的任何一个开始弱化或是消失的时候，协作的环境立刻开始变得紧张、复杂而又充满挑战。

如今我们有机会利用任何通信技术革新的成果与任何人展开形式多样的协作，但这不仅仅是机会，还是挑战。研究人员们已经发现通信技术创造出的那种"存在感"正影响着人与人之间的交流。早在 20 世纪 80 年代，研究人员罗伯特·伦格尔和理查德·达夫特（伦格尔 - 达夫特，1988）就指出，交流媒介可由它们提供线索的丰富程度来进行区分和定义[1]。面对面是线索"最丰富"的形式，在这种形式中，您可以充分利用各种非语言的媒介来表达信息，比如口吻、眼神和表情。那些"最贫乏"的媒介只能够表达出相同信息的极少一部分，例如传真或纸质报告。这些人认为，越是复杂的讨论越需要"丰富"的媒介。当我们通过有限的渠道获取信息时（例如电子邮件），我们通常会在不经意间说出这样的话："我得仔细揣摩这封邮件，因为对方想表达的可能不是字面上的意思。"同样，我们的回复信息也是基于这些揣测而做出的。

如果复杂的讨论和误解发生在协作的各个阶段，那么较早的阶段就显得至关重要。如果团队正在讨论的是至关重要的事情，那么丰富的信息环境是很重要的。一个丰富的信息环境不仅能传达更多的信息，而且有机会生成更多增进信任和友好的关系线索。这些线索和元素非常重要，如果一开始忽视他们，那么项目进展会因为越来越深的误解而陷入漩涡。

比方说，我第一次遇见丹（本书作者）的时候，我们利用一个半小时的午餐时间谈了很多他关于协作的观点以及涉及到设计的方面。当他谈到设计中的冲突、冲突在设计中的作用，以及关于协作的想法时，兴奋之情溢于言表，这些我都看在眼里。后来，他打电话过来问我能否为他的书做点什么，由于

---

1　伦格尔，R.，& 达夫特，R.(1988)。"把选择通讯媒介作为一种行政技能"。2（3）、225–32 美国管理学会行政期刊。

先前有了那次令人印象深刻的会面，我觉得我知道他想要的是什么。在那之后，一旦我们敲定了行动的方向，再通过电子邮件来交流就不会产生太多问题。这是因为，当我们对项目和彼此的了解越多，沟通时对于信息环境丰富程度的依赖性就越少。

现如今，通信手段和技术工具越来越多，而且它们和我们的日常生活也结合得越来越紧密。我们能够利用视频传输系统同时和多个部门在同一个项目上开展协作。实际上，技术设计人员正努力将"面对面环境"中的信息线索的细节都通过技术手段在虚拟空间里复制出来。尽管如此，您还是需要考虑您的工具能够表现出多少信息线索，也就是它的"信息丰富程度"有多少？这一点很重要，当协作出现问题，沟通不畅，人们情绪浮躁的时候，您得分清楚，到底是您所使用的通讯工具没法提供足够的信息线索呢？还是您的对话伙伴故意制造这样的困难？◆

# 7.4 总结

这一章在创新项目的范畴内定义了协作的概念：

**对于您无法单枪匹马完成的产品，协作能够产生更好的结果。**

这个概念说明了以下几点。

1. **多样化的视角会为创新劳动增添价值。**

2. **协作与群体思维的异同。**

3. **人们关于协作的几点误解：对于协作的认识过于简单，认为协作会降低团队效率，错误地关注其中某些方面。**

4. **协作由三方面构成。**

a. **工具**：团队把大家组织在一起所使用的应用程序、方法或技术。

b. **心态**：团队成员个人对待协作的态度和个性。

c. **文化**：由企业的理念、政策、规章、奖惩机制等组成的系统，它是协作的环境。

5. **在每个方面，团队都可能面临障碍。**

a. **工具方面**：工具未必可靠（没有取得预期的成效），未必合适（没有满足所需），未必实用（不适应团队、项目或环境的条件限制）。

b. **心态方面**：人们所经历过的各种心理障碍都可能制约他们的发挥水平，或者干扰到其他人的工作。

c. **文化方面**：各种障碍来自于物理空间、组织结构或团队对合作与竞争的习惯性看法。

# 第8章

# 协作的四种良好品质

上一章告诉我们，工作流程涉及的每一个方面——团队使用的工具、人们的心态、企业文化——都影响着协作的质量。当然，文件的共享，团队可以使用新的协作工具来实现，如果团队在心态上没有实现共享，或者说团队的组织方式妨碍了共享的机制，那么这种共享又有什么意义呢？

当一个团队协作具备所有优秀品质时，成员们就会表现出某些行为。这里列出一些方面。

- 他们会坦诚地对设计工作做出反馈，以合适的方式提出建设性的建议，而且不会让对方难堪。

- 他们会在不太理想的情况下，踊跃表现，积极应对风险，例如在参加远程讨论时。

- 他们熟悉各种通信机制，能够根据需求在各种媒介间自如地切换。

- 他们能坦率地谈论自己在项目中的角色，从而确保彼此间能够相互支持，不会让任何人显得多余。

- 他们会第一时间对自身完成任务的能力进行评估，并搞清楚任务的范围和预期的结果。

这些行为看起来好像很普通。相反的情况也不难想象——建议没有建设性，不能心平气和地接受批评，只知道使用电子邮件，没有搞清楚自身定位就卷起袖子着手，或者是在没有搞清楚任务条件和方向的时候就介入任务。

这一章将着重阐述这些优秀品质，以及这些品质是如何影响项目的，还有它们在工具、心态和文化等方面表现的形式。

# 8.1　协作应具备的品质

任何程度的协作，其核心都应具备四种品质，它们是蕴含着工具、心态和文化的指导原则。当它们助力协作的时候，工具软件、个人心态以及企业文化都会呈现出这 4 个品质。

- **清楚明了的定义**：清晰地表达意思。

■ **具体明确的责任**：了解并担起责任。

■ **彼此尊重的氛围**：尊重您的同事。

■ **开放务实的态度**：陈述并接受事实。

## 8.1.1 清楚明了的定义

所谓"清楚明了的定义"就是——

**团队成员建立起一套通用的语言系统，在谈论项目中的各个元素时都能够清晰地表达意思。**

广泛的协作依赖于参与者们对想法、反馈和质疑的清晰表述。任何模糊不清的信息都可能妨碍人们达成共识。

举个例子来说，我曾为一个从事牙科保险业务的公司设计过一套内部使用的应用程序，它要求我学习并掌握关于牙科和保险行业的各方面知识。作为设计从业人员和处理过大量保险业务的人，我具备一定的背景知识，比如共同支付、免赔金额，以及各种参保计划类型等。这是一个不错的起点，但是为了让项目更富成效，我还需要学习很多不同类型的疾患，不同的客户分类方法，以及具体的赔付方式。

每个项目都有它自己独立的词汇表，这些特定的词汇能帮助我们把设计和相关领域结合起来。作为网页设计师，我们会使用"类（category）""导航（navigation）""标头（header）"等等这样的术语，还会使用一些更通用的，类似于"列表（list）""项目（item）"这样的词来指代网页设计的不同方面。网页设计依赖于这样一些基础架构——对内容的分类，建立各个内容之间的联系并框定范围。

一个项目最基础的概念是团队共识的核心内容，但是不只是它们需要清楚明了的定义。第 5 章提到的冲突模型就指出，项目中的其他部分也需要清晰的定义，它们包括以下几点。

■ 为成员的**绩效**做出清晰的定义：任务、完成期限、预期的结果和预期的质量水平。

■ 为项目**计划**提供清晰的定义：阶段目标的内容、角色和责任、条件和约束和成功的指标。

■ 为项目**目标**提供清晰的定义：设计工作的范围、设计团队的预期作用、项目预定的目标和产品定位的目标市场。

而这些还只是涉及项目方面需要的定义。

## 8.1.2　具体明确的责任

所谓"具体明确的责任"就是——

**每个团队成员都有明确的责任，对他们自己的能力和贡献要有一个良好的认识，同时对他们的业绩也要有一个明确的说法。**

关于协作，有这样一种认识：所谓协作就是共享所有权，为追求集体共识甚至不惜牺牲个别独创的远见卓识。老实说，我并不喜欢这个观点。

相反，我认为协作应该是一部润滑良好的机器，参与协作的每个人都有施展拳脚的空间，他们知道自己的定位，而且都能自觉地向别人说明自己的责任。对有的人来说，他们得要为项目整体负责，他们需要建立全局的观念，甚至可能要负责做出多数的设计决策。对另外一些人来说，他们主要负责充实细节，减小项目风险，或者协调不同项目组之间的活动。

具体明确的责任必须具备三点要素。

■ **坚强有力的领导：**团队必须要有一个可靠的人或机构负责做出决策，必须有人对项目和团队负全责。

■ **泾渭分明的权责：**团队必须对每个成员的角色定位和职责做出明确，每个人的权利和责任要相统一。

■ **赏罚分明的规矩：**团队必须确保每个人都能为自己的作为承担责任，没有规矩，不成方圆，必须要有一套行为准则和赏罚措施。

### 领导

如果项目和团队缺乏问责，而且所有权不明晰，那么协作会失去意义。也就是说，团队中的每个人都要为两个指标负责：质量和效率[1]。领导的责任就是统筹全局，把团队成员有效地组织起来，以确保项目实现预期目标。而对于投资方代表来说，他的责任就是确保产品满足他们的需求。

领导的责任未必是由一个人担负的，比如项目经理负责管理项目进度，创意总监负责把控产品质量。而我的经验告诉我，如果项目备受瞩目，那么最好是由一个人来担负这个角色，因为一个出色的领导不仅知道目标是什么，而且知道如何实现它。

## 权责

项目团队需要明确的角色分工和责任区分。只要团队成员不是那种没脑子的机器人，那他们就一定知道自己的责任是什么，这一点毫无疑问。明确角色分工就意味着指定他们的工作和产出。

明确角色分工是有用的，这是因为，即使团队内部和谐，成员默契，但对于特定的工作任务，他们的理解和预期都有可能是不同的。产品的质量都是一个范围，每个单独的活动都可能产生不同的结果，有的产品略显粗糙，有的概念不够专业，有的工作马马虎虎，而有的创意还需要进一步完善，尽管它们可能都在质量所许可的范围内，但从细节上来讲，不同的团队成员可能会对产品有不同的理解。

我曾和他人一起负责设计一个导航条。我们从未讨论过是否要在导航条的细节层面达成共识。于是当我以为我们会向客户呈现一个包含了诸多设计方向的导航页面的时候，我的同事却只是做了一个包含一些高级符号的单页面列表。事后我们发现，一开始我们就对导航所输出的内容形式存在理解上的差异。

凭经验来看，这些质量、形式、细节层面的差异会拖住设计团队，因为一个人期望的是这样的东西，另一个人期望的则是另一样东西。

## 规矩

这个概念隐含了另一个意思：团队成员必须对自己的表现和行为负责，这是强制的。也就是说，如果他们有什么自身缺陷，导致他们可能会违规，那么他们必须自觉克服缺点，以避免团队出现短板。即使他们没有达到预期的要求，也

---

1 见第 4 章，衡量项目成功与否的标准。

必须如实报告情况。也就是说，能做到的事情，他们必须做出保证；做不到的事情，也必须做出声明。

在我所带领的团队里，我一般不会严格按照业绩来评价设计师，这一点让很多新来的设计师难以理解。

我评价设计师的依据是什么呢？您可以听听这些话，看看它们有什么区别。

依据1：面对能做到的事情。

**错误的说法**

**"我明天会搞定的。"**

**正确的说法**

**"按照您的要求，明天这个时候我能够做完大部分的工作，但是关于导航的问题我还拿不准。我觉得还应该列出一些选项，如果不行的话，明天我会在第一时间告诉您。"**

依据2：面对做不到的事情。

**错误的说法**

**"这件事我搞不定。"**

**正确的说法**

**"我知道您想今天就看到结果，但是我真的遇到了困难。我手头有一个未完成的东西，您愿意看看吗？之后我们再决定最佳方案，您看如何？"**

如果在遇到阻碍的时候，一个设计师首先想到的是放弃或推卸责任，那您首先会让领导和同事感到紧张。虽然承认自己的不足可能是一件挺丢脸的事，但是您为团队争取了更多的时间去解决问题，这是明智的做法。对我来说，最有价值的设计师是那种不会拖团队后腿的人。

同样，团队成员应该有一定的自信，他们应该充分肯定别人所做的贡献。

**错误的说法**

**"小红真是一个好帮手。"**

正确的说法

**"当我陷入困境的时候，小红和我一起解决了这个问题，她的确想出了几个绝妙的点子。"**

如此说来，负责任也就意味着兑现承诺。[1]

# 8.1.3 彼此尊重的氛围

团队成员应该尊重彼此的贡献，并意识到自己的工作会影响到他人。

**亲密的个人关系在协作中发挥着重要的作用，这种关系意味着每个成员都对别人的优点缺点了然于胸，同时也意味着他们对自己的缺点和能力限度有着清醒的认识。**

这还不够，我们还必须尊重他人的贡献。良好的协作关系来自于成员间的优势互补——就像建筑师和工程师那样，他们能够凭借各自的优势共同完善一个建筑的设计。在我看来，最佳的协作关系，不是把成员间彼此重合的能力当作竞争或多余，而是当作巩固和加强。刚才这个假设里，如果是两个建筑师在一起，那么他们最好能划分出各自的任务空间，或者是分出主次，总之必须找出一种能够和谐共处的工作方法。

很多的冲突都是因为彼此间缺乏尊重。一个人的傲慢会招来其他人的不屑，从而导致自己的意图被人忽视。即使人们知道他的意图所在，也未必会认真对待。

彼此尊重的氛围取决于以下方面。

- **能力、喜好和风格**：团队成员必须清楚地了解彼此的优点、缺点和行事风格。

- **存在感**：团队成员必须知道如何体现自己的价值，发挥自己的作用。

- **自我认识和自尊**：每个人必须对自己的能力限度和优势有一个清醒的认识。

## 能力、喜好和风格

我喜欢设计师这个职业的一个理由就是我可以去了解其他设计师的工作风

---

1　见第1章，"获取忠诚"。

格。有时候我们会讨论理想和业绩，就算没有这种心与心的沟通，我们只不过是一同共事，我都能了解到他们的表现。我能了解到他们的得意之处，他们的恐惧，以及他们沟通的习惯。这样一来，我可以预见他们能够同时应对多少个项目，在具体的任务上需要多少时间，以及他们同投资方谈判时会采取的方式。

如果把设计师放到一个对他来说困境重重，或者是毫无进展的局面中是不负责任的，而且还缺乏应有的尊重，这好比"请君入瓮"。出现这种情况一定是因为我们在对设计师毫不了解的情况下做出了鲁莽的决定。

每个设计师都喜欢迎接挑战，但是他们也需要被安排在恰当的场合处理恰当的问题。要做到尊重，就需要负责地、详细地向他们介绍任务的难点、工作的分配原则和他们可能面对的工作负荷。尊重体现在为他们提供一个范围，在这个范围里他们能够放心地施展自己的才华，不用担心风险或失败的压力。

## 存在感

对一个人的认识有它实际的一面。同事们必须知道对方是否正在工作岗位上。看起来这很容易，但是在远程办公日益常见的今天，您未必知道对方是否在位。

这里有一些关于存在感的情况：

- 我在位，但是由于干扰我完全无法联系上。

- 我在位但是一点也不想被打扰，除非有紧急的状况。

- 我在打电话，但是我可以同时接受 QQ 消息。

- 我在打电话并在共享我的屏幕，所以不要 Q 我。

- 我可以在这次视频会议上利用微信进行私聊。

- 我不在办公桌前，但我最早会在上午 11 点回来。

- 我不在办公桌前，但是我能收短信。

远程协作软件可能会在界面上显示对方的在线情况。有些团队开发出一些功能，显示出对方可能的联系方式。举个例子，QQ 有"在线""对方不在线，有事请留言"或"对方正通过微信接收消息"这样的提示信息。

沟通时的出席情况具有实用的价值，同时也有利于团队的融洽。重视对方的在线情况和忙碌状态就是一种尊重，这有助于构建信任。如果有人喜欢不打招呼直接闯进办公室，那么没有谁喜欢和他共事。在远程办公的环境里，尊重对方的在线情况等于进办公室前敲门。

### 自我认识和自尊

设计师得对自己的能力限度、喜好和风格有一个清醒的认识。了解了自己的局限性，设计师才能够树立起开放务实的态度，当他们制定预期并寻求帮助时，才有可靠的依据。"这个问题可能显得有点无知，但是我还是想问清楚……"——当某人说出这样的话时，就表明他承认了自己的局限性。

这时候设计师可不是在装可怜，也不是想证明什么。他们这么做只是希望能把工作做好。对于客户和同事的异样眼光，他们并不在意，因为他们知道，承认自己的不足不代表自己一无是处。

当团队的精力从项目转移到别处时，协作一定是失败的。如果一个人的自我认识有误，那么他很可能会将注意力转移到别的地方去，而这个时候，其他团队成员则不得不接过他的烂摊子，或者是面对一些连他们都无力承担的责任。

**注**：*这个品质贯穿于其他所有的品质之中。它是最基本的东西：其他的品质离开它也就不会存在。同样，开放和务实的态度离开了其他的品质，也无法体现出来。如果一个人对项目懵懵懂懂、不负责任、或者态度生硬傲慢，那么他的"开放与务实"也就失去了意义。■*

## 8.1.4　开放务实的态度

"开放务实的态度"要求——

**团队成员得直截了当，并对他人以诚相待，因为项目的成败依赖于那些有意义、富于建设性的反馈意见。他们对待新观点和批评应该采取开放包容的态度，并把这些看作进步的阶梯。**

当然，这种态度不仅仅是针对设计方面的意见。开放意味着一个人倾听的意愿，无论他们是否赞同对方的观点、意见，或是批评。联想到其他品质，我们能发现它都蕴含其中。

- **清楚明了的定义**：了解并接受项目的定义。

- **具体明确的责任**：了解自己的任务和肩负的责任。

- **彼此尊重的氛围**：了解某人的能力限度、优点和缺点。

一个开放的人，一定会坦率地承认他对于项目的模糊认识（关于定义），也必然不会轻易辜负个人的期望（关于权责），更不会搞不清自己有几斤几两（关于自尊）。

对开放的人来说，务实是更加有力的补充：真诚而又直接的交流。务实和直来直去可不一样，务实包含一定的智慧和克制。

我们不该隐瞒真相，但是我们也不能没脑子，对待问题，我们要懂得采用合理的表达方式，让批评和建议变得更加中肯、更加实在，也更加中听。也许我们想要表达的意思会存在一些反对的思想，但是这些都必须是建立在尊重和诚恳的立场上，是为了同事着想的。

由于务实包含有尊重和诚恳的立场，因此它也有一个关于自我的方面。如果自我认识是关于一个人对自身的能力限度、缺点的意识，那么对自己务实就是一种勇于承认这种意识的能力。能做到这一点可不容易，因为心理学认为每个人的自我保护意识会本能地去掩盖所有的缺陷。

对自己的务实也是协作中不可或缺的部分。

- **清楚明了的定义**：勇于承认并搞清楚自己是否真正了解项目的概念或分担的任务。

- **具体明确的责任**：勇于承认并搞清楚自己是否真正能够承担相应的责任。

- **彼此尊重的氛围**：勇于承认并搞清楚自己的缺点和能力限度。

在这个品质中，陈述事实和接受事实同等重要。其他每一个品质也都有"陈述"和"接受"这两层含义。

- 设计师在陈述事实时，相关的问题必须**清楚明了**，是谁的责任必须**泾渭分明**，对事不对人，要充分**尊重**对方。

■ 在**接受**事实时，设计师必须准确无误地了解对方的意思，承担起相应的责任，对问题有一个清醒的认识，不妄自菲薄。

开放务实的态度是最难做到的一件事。要做到这一点，简单点来说，就是养成好的习惯，让它融入到生活和工作的方方面面，在这个基础上有所作为。

每个项目都会面对各种风险。了解这四个品质，并借鉴它们所包含的那些有效的行为原则，就可能减轻风险。如果您的团队做到了，那您就会感受到坦诚的交流氛围，团队中每个人各负其责，而且人们都能互相尊重。

这样的协作是团队降低风险的一种途径，但是这些品质也会伴随一些潜在的隐患。**表 8.1** 就描述了一些由这些品质带来的附加风险，我将解决办法一并放在这里。

**表 8.1 由协作的品质带来的风险**

| 品质 | 风险 | 解决办法 |
| --- | --- | --- |
| 清楚明了的定义 | 团队可能会患上强迫症，成员们过于吹毛求疵，每个小细节都想要给出完美的解释。 | 在项目筹划阶段就把项目的全貌讲清楚，同时必须要涉及细节。这就定义好了细节的程度。如果不行，就定死范畴。 |
| 具体明确的责任 | 团队成员可能会对您赋予他的职责不太放心，没有谁愿意承担自己不愿意接受的责任。 | 让设计师们看到他们所担负的责任对他们的进步是有益的。要把眼光放长远，不要局限在某个具体项目上。 |
| 彼此尊重的氛围 | 担心冒犯对方，对团队成员的尊重可能演变成畏首畏尾，以防伤害到别人的感情。 | 告诉整个团队，只要是建设性的意见，不妨直说。 |
| 开放务实的态度 | 由于提倡开放务实，以至于团队成员们凡事都大惊小怪，导致反馈信息过于泛滥。 | 教育团队成员，让他们明白什么样的信息是有用的。如果您认为有些意见没什么用，那就忽视它。 |

没有什么项目的过程是完美无缺、一帆风顺的。如果团队成员间能够直接交流，每个人都能各负其责，同时他们都能有所作为，那么这样的团队文化就是有利于设计工作的。尽管说，具备这些优秀品质也会带来一些问题，但总是利大于弊的。

# 透明与责任

# Mandy Brown

*Editorially联合创始人兼首席执行官*

　　我曾在各种环境中工作过：曼哈顿的那个公司，每个员工都被墙壁和门窗隔开；布鲁克林的办公室则是开放的环境；还有一次，同一个屋檐下聚集了各行各业的精英。在远程工作的网络环境里，我当过项目负责人，我自己也以员工的身份参与过类似的工作。在一个团队中，我也带领大家做过书籍、网站、软件和产品设计。尽管每一次协作都是独一无二的，但是有些东西是一成不变的。所有成功的协作都离不开两个因素——透明和责任。

## 透明

　　互信是协作的关键。构筑互信的关键就是要确保每个人的工作都是透明的。不论人们身处哪个项目组，都应了解谁在做什么，为什么这么做，还要意识到这些工作会对整个团队和项目产生怎样的影响。让进度透明的方法有很多种，能采用的方法当然越多越好。透明度不是一个二元对立的概念，它更像一个行为集合。

- 每天的办公会（不论是在线还是现实）都应该让大家说明自己的工作，并允许他们提出需求。会上必须搞清楚当前的工作重点，以及重点工作的进展情况。

- 工作进度应该及时、经常性地共享。在软件开发领域，这意味着在功能实现之前对代码进行审阅。在设计领域，这意味着尽早分享概念雏形。在文案领域，这意味着在起草之前共享大纲和要点。不管在什么领域，前期共享都本着两个目的：告知同事您打算干什么，在差不多的时候征求反馈意见。

- 群聊工具——例如 37Signals 的"篝火（Campfire）"——就是一种理想的通信工具，团队成员可以自由出入。即使您的团队工作在一个屋子里，都可以利用这些软件进行不间断的对话，它们会记录每个人的每句话，方便随时查阅，避免遗漏。即使您离开一会儿去忙手头的事情，等您回来时可以继续参与讨论。特别是当您需要搞清楚一个决策是如何做出的时候，这种记录尤其重要（您不用担心这些记录的可靠性，它们都保存在线上）。真正的透明不仅仅是指当下，还包括历史。

## 责任

透明的机制必然要求每个人拿出责任心来。您不仅要搞清楚自己的工作任务，还要有对工作负责的态度。这不是什么苛刻的条款，它没有要求您信誓旦旦地做出承诺；但是，如果没有责任心，不仅工作做不好，您可能连怎么改进它都不知道。

■ 每次碰头会都要指定一个记录人。（每次都可以是同一人，除非您的团队中有谁擅长记录，否则就由您自己来做）记录人应当记下任何决策，例如下一步的行动和任务的分工。今后的碰头会上您可以依据记录来弄清工作的进展。如果事情没有按计划进行，可以追根溯源（谨记，应当对事不对人，您需要调查的是过程和工作，而不是某个人的行为）。当然，这个办法并不新鲜，但是不要错误地认为这仅仅是一个文字作业，白纸黑字摆在那里，是实实在在的依据，理应受到重视。

■ 共享数据。问题解决了、待办事项完成了、功能实现了——任何人完成的工作和成果都应展示出来，只有这样，将来您评价业绩的时候，别人才没有话说。

■ 找到反思的渠道。每周或是每两周召开一次会议，每个人都可以谈论他们的所学和感受，让每个人都意识到自己的责任不仅仅是完成日程表上的事情，更是不断地提升自己。同样重要的是，要确保关键的知识由团队分享，而不是憋在某个人的脑子里。

在 Editorially 和 Typekit，我们每周末都会划出部分时间来反思、分享，并思索下一步的工作。（我在 Typekit 的一个同事回忆起这些的时候说，就像每周都开一次 TED 大会[1]一样）这些会议使我们每个人都有机会从一棵树观望到整片森林。因为在这一天结束的时候，这会发现这正是您想要的东西——一个生态系统，每一个微小的部分都在为整体贡献着力量。您的工作与这个系统结合得越紧密，这个系统就越好。◆

---

1　TED（指 technology, entertainment, design，即技术、娱乐、设计）是美国的一家私有非营利机构，该机构每年 3 月都会召开 TED 大会，召集众多科学、设计、文学、音乐等领域的杰出人物，分享他们关于技术、社会、人的思考和探索。

# 8.2　如何体现优秀的协作品质

上面说的 4 种品质，在协作的每一个构成——工具、心态和文化——中都有体现。这些构成是这些品质的载体。在好的工具、正确的心态和良好的文化中，您总是能发现优秀品质的身影。

例如，开短会、讲重点就是一种体现尊重的方式。节省客户的投资是一种尊重，节约同事们的时间也是一种尊重。这表明，团队肯定每个人的能力，既然大家都是聪明人，那就没必要啰嗦。

上面这个例子在协作的三个构成方面是如何体现的呢？

- **工具**：一个共享的日程管理软件能够限定会议持续的时间。

- **心态**：会议的组织者筹划好会议议程，尽量缩短时间，充分做好准备，把握好会议流程，防止跑题。

- **文化**：领导以身作则，对与会人员的文明礼貌和举止行为做出奖惩规定。

由于协作的构成分别处于不同的范畴，因此协作品质的体现方式也是多层面的。

## 8.2.1　选用正确的工具

用于大规模协作的工具很难找到。项目团队遇到的问题千奇百怪，没有万能的工具可用。最好的工具也无法适应每一个团队。

比方说，我的工作就依赖于一个云存储系统——Dropbox[1]，我通过它在电脑和其他网络设备间同步并访问我的文件。Dropbox 会保留文件的历史版本，因此我能够恢复一些早期的文档。我还可以把我的 Dropbox 文件夹共享给其他人，让协作变得便捷。简而言之，对我的工作而言，Dropbox 是必不可少的。

然而，我并没有要求我的团队都来使用 Dropbox。现在已经有很多在线云存储服务，大家可以自由选择[2]。

---

1　本书原版的每篇文章、每个版本就都保存在 Dropbox 上。
2　中文版的文档，译者也是保存在 Onedrive 上的。

这里我就不再列出大堆优秀的工具了[1]，我也不是给Dropbox打广告，我只是向您证明工具如何体现协作的品质。

## 8.2.2 调整您的心态

协作的品质基于个人因素和心理学理论。开放务实的态度、相互尊重、清楚明了的定义，这些都离不开个人因素。尽管心态是一个比较抽象的概念（相比工具而言），也不是团队整体的素质（相比文化而言），但是良好的协作都始于每个个体。上一章我就表达过一个意思，有时候一粒老鼠屎会搞坏一锅汤。心态是每个设计师的个体因素，他们理应掌控好它。然而它又是最难改变的，因为改变心态就意味着需要做到以下几点。

■ 从根本上改变态度。

■ 变换看问题的视角。

■ 重新塑造自己的本能反应。

这些东西都是顽固的心理因素，要想做到可能需要专业人员的介入。

下面这些例子反映的是良好的根本态度。

**"我能从我的同事身上学到很多。"**

**"尽管批评让我很不爽，但是从另一个角度来看，这对我的工作有好处。"**

**"当我无法完成任务的时候，我不介意承认。"**

**"当有人帮助我完成我的工作时，我会很感激。"**

**"即使任务不是我的，我依然觉得有义务帮助我的同事们取得成功。"**

**"我认为我的意见是宝贵的。我提了建设性的意见有助于我的同事们成长进步。"**

**"这些任务很难搞定，但是我在尝试的过程中学到了很多。"**

**"我最好让我的同事们时刻了解我的进度。"**

---

1 了解协作工具，可以参见第 7 章的内容。

要每个人都持有这些根本态度是一件极具挑战的事情。他们必须暴露出自身的弱点，被迫承认不足。毕竟大多数人在大多数时间里还是在掩饰自己的短板。

除了根本的态度，好的心态还取决于看待问题的视角。

**"尽管我的进度卡住了，但我可以借机换个视角来看问题。"**

**"手头的任务说不定还能对客户产生一些影响吧？"**

**"尽管这个人气势汹汹，但他只不过想帮助我做得更好。"**

**"在任务规定的时间内完成所有工作是不现实的。我得先跳出工作来，把这个困难讲清楚。"**

**"虽然没能按时完成任务会让领导失望，但是瞒着大家只会为别人带来更多的麻烦。"**

**"我知道，他们请我去不是因为那方面是我的强项，而是因为我懂得协调处理问题。"**

就像根本态度一样，我们通常也不会这样去想，因为这有时候不符合我们的个性。

## 8.2.3　如何评价文化

可以想见，如果团队中人人都具备这些优秀的品质，那么团队的文化也必然反映出优秀的精神实质。显而易见的是，个体行为不会对团队文化产生影响，尤其是政策和规章。一个包容性强的组织也许能够容忍个体的行为，但这不代表它的组织结构、政策制度、激励机制以及其他一些元素就是鼓励协作的。也就是说，即使某个个体表现出协作的行为或意愿，他也可能面对文化上的障碍。

通过审视团队文化，我们能够找出很多让团队富有协作精神的办法。我会举例来说明，如何让协作的品质融进项目的各个方面，包含团队的构成、项目进程以及最终交付的成果。

比起软件开发层面的诸多方法（敏捷模型、精益开发和瀑布模型），设计师真正应该关心的是项目的结构。合理的结构能够具备协作的优秀品质（**表 8.2**）。

表 8.2　日常操作中的协作优点

|  | 团队的构成 | 项目进程 | 最终成果 |
|---|---|---|---|
| 清楚明了的定义 | 角色要准确定义 | 少看步骤，多看阶段进展 | 明确每一项成果所要达到的目标 |
| 具体明确的责任 | 指定由谁来最终拍板 | 计划和修正都要有一个阶段性的指标 | 明确所有者和参与者的责任 |
| 彼此尊重的氛围 | 分配任务要合情合理 | 要有足够的时间同投资方人员一起探讨设计方案 | 最终的结果要和团队成员的能力相称 |

　　当然，本书归根结底是针对参与者个人的，并不打算教会您怎么去培育团队文化。我说这些是为了帮助您审视团队文化，评估它是否有利于协作。如果您准备去求职，那么您可以通过这些问题来对这个团队的协作情况进行考察（**表 8.3**）。

表 8.3　对协作情况进行评估

| 所提的问题 | 应得的答案 |
|---|---|
| 人们在项目中是如何共事的? | 项目中的活动由下列部分构成<br>• 个人独立工作的阶段<br>• 频繁的讨论和复核<br>• 随机展开的集体讨论 |
| 谁负责为设计师制定职业目标? | 职业目标来自于<br>• 设计师自己<br>• 设计师和管理层之间的协作<br>• 项目的前瞻 |
| 每个年度，团队成员会制定几个个人目标? | 设计师通常有 1 到 3 个职业发展目标，每个目标都有 2 到 3 个衡量标准。 |
| 人们共享工作成果的方式都有什么? | 成果共享通常发生在如下场合<br>• 项目内，是在定期审查项目时<br>• 项目外，是在集体讨论时<br>• 在季度性的业绩点评时 |
| 在项目进程中，创意总监如何检查设计工作? | 创意总监的做法<br>• 举行正式的审查会议，以检查工作状况<br>• 举行的非正式审查会议，了解进展并提出建议<br>• 随机检查 |

续表

| 所提的问题 | 应得的答案 |
| --- | --- |
| 团队成员如何了解项目的最新进展？ | 项目团队的做法<br>● 每周开会讨论进展<br>● 每周开会分配任务<br>● 向整个团队公布会议纪要 |
| 谁能确保我的工作不会超负荷？ | ● 设计师自己要搞清楚自己的能耐<br>● 项目领导会基于可用的时间来分配任务<br>● 管理部门会对每个项目的任务量做出保证 |
| 团队是如何处理失败的呢？ | 现在"失败"这个词已经成为设计界惯用的词语，失败是一种结果，但也要看程度。早在项目筹划阶段就要考虑充分，不妨把最坏的打算讲清楚。而且，要及时吸取教训，下次再犯同样的错误时，就要格外严厉地予以惩戒 |
| 项目中谁说了算？ | 设计师有权做出决策。项目领导有最终决定权 |

您无法改变环境，但是您能够把握自己。如果团队内部像一潭死水，人们彼此充满敌意，那要表现出理想的协作努力是一件非常困难的事情。但是凡事都要往好的方向看，这何尝不是一次历练的机会呢？也许您的想要积极展现协作的精神——要大家停下手头的工作来参与集体讨论，这么做也许会招来大伙的排挤，但是总得有第一个吃螃蟹的人吧。

# 8.3　总结

从表面上来看，构成协作的无外乎这三样东西——工具、心态和文化。团队想要将这三个要素有机融合起来，就得具备 4 种优秀的品质。

- **清楚明了的定义**：协作中每个人都必须清楚地表达意思，团队必须对项目做出详细的定义和说明。

- **具体明确的责任**：协作离不开责任心，每个人不仅要对自己的工作和成果负责，还要有大局观念。

- **彼此尊重的氛围**：协作要求人们有换位思考的意识。

■ **开放务实的态度**：协作行为的关键在于不掩饰问题、不回避责任和不搅混水。

上一章介绍了构成协作的三大要素：工具、心态和文化，本章对这三个要素进行了扩展，详细介绍了每一种品质在它们之中的体现。

■ **工具**：借助通信工具搭建起一个可以让团队成员交流能力的平台。

■ **心态**：成员间互相尊重，乐于交流意见。

■ **文化**：团队的政策明朗、制度透明，这体现出对成员们的尊重。

第9章

现实情境：
设计中的各种状况

**本**章将重点介绍我们在设计项目中可能会遇到的 30 种情境，其中既有发生在人与人之间的冲突，也有引起冲突的局面。例如，其中有一种情境，我称之为"盲目追求眼球效应"，它所描述的是这样的一段对话。

**设计师：** 针对分类页面，我收集了一些简单的创意。综合起来，我想向您提供 3 种不同的解决方案，这些方案的区别是在主要需求层面的优先级上。

**投资方：** 我们关心的是有没有加入社交网络功能。

**设计师：** 这个问题您们的确提到过，但是您看，这是一个局域网的会议管理系统，我们的重点应该是确定空闲的场所，同时要敲定语音指令的用词，就像"预定"或"取消"这一类。

**投资方：** 我还是想知道，社交功能放在那里了？如果人们预定好一个会议场所，那么我希望他能把信息分享到社交媒体上去。

# 9.1　如何使用现实情境？

本章所介绍的情境都是具体事件，有些案例看起来好像是一回事，但是还是有一些本质上的微小差别。设计师想要的不应仅仅是"沟通不畅"或"对方脾气不好"这样肤浅的判断。在创意产业领域，这些情境都是常见的，谁也不比谁更特殊，然而，也不是每个项目都会遇到这些问题。

那么这些情境的意义在哪里呢？

1. **在项目过程中：** 这些情境能够帮助参与者准确地预判可能遇到的问题。

2. **在项目完成后：** 当项目完成后，总结的时候，参与者可以对照这些情境，找出团队或项目进程在哪些地方出现过问题。

3. **在项目开始前或项目转换期间：** 团队能够利用这些情境描述之前遇到过的困难，并结合团队实际对未来的风险做出预判。

# 9.2　关于情境

本章介绍的每一个情境，我都会用一个固定样式的表格来进行描述。其内容包括以下几点。

- **参考情境**：其他一些跟此情境有关或部分重叠的情境。在分析时，通过这些关系来进行比较。

- **表现特征**：如何通过表象和征兆来辨别情境。

- **解决方案**：用来解决情境中具体问题的行为参考。我列出来的方案未必全面，一般来说至少有超过 40 种方案可选，这也就意味着，有些方案适用于多种情境。

# 9.3　现实情境[1]

- 缺乏设计常识

- 强调竞争，忽视设计

- 盲目追求眼球效应

- 搞不清需求

- 努力得不到肯定

- 关键人物被排挤在外

- 表面上似乎达成共识

- 不一致的期望

- 进展不足

- 无关的对比

- 缺少先决条件

---

1　注：如果您遇到的情境不在上述之列，请把您的建议发送到 suggestions@designing together book.com。

- ■ 缺乏背景信息

- ■ 缺少决策者

- ■ 缺乏稳健的策略

- ■ 临时增加需求

- ■ 对语气的误判

- ■ 新视角

- ■ 缺少计划

- ■ 设计时间不足

- ■ 不合群

- ■ 准备工作画蛇添足

- ■ 不良的反馈

- ■ 随意组织的介绍或讨论

- ■ 消极参与设计活动

- ■ 答复不及时

- ■ 与关键角色脱离

- ■ 工作安排和目标不一致

- ■ 协作不畅

- ■ 设计方向迷失

- ■ 不合理的约束条件

- ■ 错误的设计范围

这里的每一种情境反映的冲突都属于有效冲突，它们都是设计团队需要解决的具体问题，分别涉及项目中某个关键方面的意见分歧，值得您了解。

## 9.3.1 缺乏设计常识

**"真搞不懂我们为什么要把时间耗在这儿？"**

设计师们有时候会发现，设计中的一些行为惯例会让他们举步维艰。几乎每个设计师都需要一些自己的空间，然而令人沮丧的是，每次的对话都会涉及对设计行为本身的讨论。有时候，投资方似乎对设计师的要求异常苛刻，连使用什么技术都要争论半天。这都是缺乏设计常识的表现，设计师不得不把时间耗在这种无意义的争辩上，他不得不证明自己存在的价值，而设计决策和方案却被搁在一边。

这说明，设计师一开始就想当然地认为，团队里每个人都进入情况了，于是便忘记了向团队说明自己的角色、存在的价值以及能够做出的贡献。

| 参考情境 | ■ 消极参与设计活动（更多持怀疑态度）。 |
| --- | --- |
| | ■ 设计时间不足（更多敌对因素）。 |

| 表现征兆 | ■ 每次设计校审前都对方法和技术提出各种要求。 |
| --- | --- |
| | ■ 质疑方法或技术中无关紧要的方面。 |
| | ■ 随意为设计团队指定参考标准。 |

**解决方案**

| 方案 | 示例 |
| --- | --- |
| 退回一步 | "您认为这可能是浪费时间，这一点我能理解。还是让我搞清楚您所想的主要理由是什么（进一步让您听到的理由具体化）"。 |
| 估计议程 | "我敢肯定乔是想要了解这如何影响预算和进程。让我们加一张幻灯片来讲讲过去成功的案例。" |
| 推测结果 | "好的，如果您觉得不值得，我们可以剔除这项活动。但我有必要向您解释一下我们在后续的工作中可能会面临的风险。也许我们能够找到其他办法来解决它。"<br>或者<br>"我明白您为什么会觉得这项活动没有必要。我给您解释一下我们接下来会遇到的风险，这样您就知道这项活动的必要性了。" |

现实情境

## 9.3.2　强调竞争，忽视设计

**"营销团队居然在另起炉灶，搞他们自己的网站。"**

有时候，设计团队中的成员更加关注的是竞争对手，而不是项目工作。有时候这种竞争来自于团队之外，有时候则来自于组织内部——某个独立的项目组也在做同样的事情，或者是重叠的工作，或者是上面有意安排竞标。这种时候，团队的精力和资源都用来处理"竞争"事宜，设计和协作被放在一边。

设计中，更好的产品才是击败竞争对手的最佳途径，尤其是当这种情境的某些方面团队无法掌控的时候（例如，有的企业制度就是鼓励竞争）。不管怎么说，优先解决来自竞争的事务是人类的天性。当本能占据主导的时候，要处理这种局面就变得很棘手。团队成员会怨声载道——为什么要一个蹩脚的家伙来抢我们的饭碗？他应该去忙他自己的，跑这儿来凑什么热闹？

| 参考情境 | ■ 盲目追求眼球效应（外部干扰）。<br>■ 不知道我们需要什么（更广泛）。<br>■ 缺乏稳定的战略（基本）。 |
| --- | --- |
| 表现征兆 | ■ 对方的要求是基于某个不相关的项目所提出的。<br>■ 设计的审查标准来自于某个不相关的项目或领域。 |

**解决方案**

| 方案 | 示例 |
| --- | --- |
| 帮我确定的优先次序 | "引入这个竞争对手使得项目变得更加负责了。您能告诉我这些需求中哪些是事关项目最初本意的？" |
| 帧的谈话 | "不妨看看这些用着我们为项目所建立的标准，做着相同事情的竞争者，注意看他们做得好的方面和不足的方面。这本来也是有利于我们去解决问题的参考，当然，如果有问题的话。" |
| 讲述以前的对话 | "竞争对手的特点，要您来说的话，排前三的是什么？" |

## 9.3.3　盲目追求眼球效应

**"我们的网站一定要加入社交分享功能。"**

团队成员的注意力被那些新奇有趣的东西吸引过去了，反倒忽视了项目的本质，至于那些东西是否实用已经不是他们关心的问题。"眼球效应"是设计界、科技领域和技术行业对公共领域或工业领域一些吸引人的效果的概括。言下之意，这些东西虚有其表，缺乏实质性内容。这些东西可能看起来有点用，但是实际操作中不见得能发挥什么作用。

设计决策之所以是由"眼球"而不是"需求"所决定，是因为它显得高端大气上档次，做这种决策几乎不需要费什么脑子。但是，要实现并证明它的价值就不是一件容易的事了。项目资源被转移到如何探索这个新事物上来，而不是被用来处理设计中的核心问题。

有一种可能的后果，那就是某些团队成员可能再也舍不得放过任何博眼球的机会。他们会在每一次对话和设计校审中都提出相关的观点。他们可能认为如果设计方案体现不出"高大上"的感觉，那么这个方案就没什么价值。

| | |
|---|---|
| **参考情境** | ■ 无关的对比（另一种对需求的误解）。<br>■ 错误的设计范围（注意力不集中的结果）。 |
| **表现征兆** | ■ 客户所提出的要求针对技术层面，而不是基于用户或业务的需求。 |

**解决方案**

| 方案 | 示例 |
|---|---|
| 顺理推演 | "好吧，那就让我们看看给产品加入这些功能会发生什么。我假设我们一开始就把这些功能作为我们衡量项目成败的标准。" |
| 举办研讨会 | "我们得开会集体研究，我得知道这些新要求是否会对产品的其他部分产生影响。" |
| 提供替代方案 | "我这里有另一个设计方案，通过它和我们的原始概念进行对比，我们能够看出具体的改进是什么。" |

## 9.3.4 搞不清需求

**"您认为我们该做什么呢？"**

有时候，团队做出最大的努力之后，可能依然搞不明白要设计什么东西。虽然一开始客户并不要求您拿出成熟的方案，但是经过几番讨论之后，团队本应有足够的理由来提出设计课题。也就是说，一旦项目开始，团队中每个人都应该具备概括项目目标和要求的能力。

如果设计课题都没有明确下来，那么团队可能在错误的方向上越走越远。当成员们以不同的依据来评估设计方向的时候，必然会产生冲突。

提炼设计课题也许是设计过程中最困难的一件事，对于设计师而言，设定项目指标和参数似乎不是他的工作。然而，您必须完成这个令人烦躁的步骤，否则团队搞不清楚项目到底要干什么。

| 参考情境 | ■ 缺少稳健的策略（没有固定的设计参数）。<br>■ 表面上似乎达成共识（意见一致，但认识层次不齐）。<br>■ 缺少决策者（有可能导致这样的结果）。 |
|---|---|
| 表现征兆 | ■ 投资方调整了项目目标。<br>■ 投资方纠结于项目需求的重点。<br>■ 人们对项目目标缺乏一致的意见。 |

**解决方案**

| 方案 | 示例 |
|---|---|
| 提供起点 | "为了厘清设计问题，让我们从后向前考虑问题。这里有一些基于常见创意的想法，大家都听说过它们。可是没有一个能够成为最终方案。请您告诉我们，您更倾向于哪一个？" |
| 设定合理预期 | "我知道您不想把时间花在梳理这些问题上，但是我要解释一下，没有条理清晰的归纳和定义，我们是无法开展工作的。" |
| 做出假设 | "由于我们没有对成功的标准作出任何明确，所以我做出一些假设。基于这个假定的标准，我们先来谈设计概念，最后在返回来验证假设的正确与否。" |

现实情境

# 9.3.5　努力得不到肯定

**"别去管那个事了，反正我们所做的工作他们也看不见。"**

投资方代表、某些团队成员可能会对一些成果、建议、工作中的解决方案采取视而不见的态度。那种毫无发言权的团队就是典型的例子，在这种团队中，人们的贡献被大打折扣。

当付出和回报不成比例时，团队的凝聚力就会减弱，这样既浪费时间又浪费金钱。而那些投资方以及利益相关的人也会把大量时间浪费在重塑凝聚力上。

这种没什么地位的团队仅靠自身几乎无法改变局面，这可能是由企业政策、某个决策者的保守或者糟糕的人际关系因素引发的。

| 参考情境 | ■ 关键人物被排挤在外（备选方案被搁置）。<br>■ 设计方向感迷失（分工具体，干涉太多）。 |
|---|---|
| 表现征兆 | ■ 参与审校的人们热情不高。<br>■ 设计评审时投资方代表没有参加。<br>■ 先前的建议在随后的决策中被忽略了，甚至是与之背道而驰。 |

解决方案

| 方案 | 示例 |
|---|---|
| 化挫折为动力 | "额，看起来我的建议没有一条是有价值的。我们能不能把最主要的三条推演一下，看看它们的局限性在哪里呢？" |
| 互帮互助 | "您看，这个项目需要做的事情有很多，我只不过是想尽我所能做些事。我能帮您做些什么呢？" |
| 找客观理由 | "这想法中有一些是我的老板提出来的。还是让我们看一遍吧，这样一来我好告诉她为什么这想法缺乏设计概念。" |

## 9.3.6　关键人物被排挤在外

**"她怎么没被邀请来参会？这些议程都和她有关系。"**

某些时候，负责传达或执行意图的人被项目规划排除在外。也许这是组织方的粗心大意，也许这就是故意而为。我就遇到过这样的情况，有些人在会上屡屡受挫，寸步难行。

这种冲突中，参与者无法掌握他们自己的命运。由于没有机会表达或是辩解，就导致更多的忽视与排挤。久而久之，很多项目一开始就可能将他们排除在外。

对一个人的排斥通常有管理体制上的因素，比如硬性规定一些条件，不符合条件的就不能列入考虑范围。也有可能是一些个人因素，被纳入项目的人可能是因为他的顺从，而一个人被排斥则可能是因为他难以相处，或者他的存在会威胁到一些人的利益。

| | |
|---|---|
| 参考情境 | ■ 工作安排和目标不一致（缺乏计划性的后果）。<br>■ 答复不及时（一味地墨守成规）。<br>■ 不合群（这种情况更常见）。 |
| 表现征兆 | ■ 筹划会议时没有充分包含各方人员。<br>■ 担心计划可能受到干扰，从而刻意规避某些人。 |

**解决方案**

| 方案 | 示例 |
|---|---|
| 认可别人的成就 | "看起来您们对计划做出了很大的调整。我得看看它是否包含了我们所需的所有要素。" |
| 讲清影响 | "您的计划看起来不错，但是我担心您没有涉及一些我们的项目所需的要素。让我说明一下这些要素是什么。" |
| 适当减负 | "我的确是想要帮忙，但是计划将我排除在外了，我不知道自己能做什么。如果我只关注 X 方面，那会需要大量的时间。" |

现实情境

## 9.3.7 表面上似乎达成共识

**"我觉得大家达成一致了。"**

这种情境中，团队可能达成某种一致（比如在设计方向和方法手段上），但他们可能并没有真正理解根本的构想或者是对后续工作的影响。一旦他们理解了，那未必会达成一致。

看起来这种意见一致的局面能够推动项目进展，但随着项目进行到一定程度，总会出现这样或那样的冲突。

一旦人人都表示同意了，那人们很难意识到问题的隐患。

| | |
|---|---|
| **参考情境** | ■ 缺少决策者（这也就是团队必须要有共识的原因）。<br>■ 不良的反馈（外部因素可能会影响团队的决策）。 |
| **表现征兆** | ■ 没有人提出任何问题。<br>■ 没有人对基本假设提出任何质疑。<br>■ 决策时没有人在已有的共识基础上考虑任何可能的影响。 |

**解决方案**

| 方案 | 示例 |
|---|---|
| 讲清来龙去脉 | "好吧，既然大家都同意了，那么谁能告诉我如果按照这个决策去执行会发生什么呢？" |
| 讲清影响 | "在举手表决之前，让我们先来看看决策会产生怎样的影响。" |
| 寻求改进 | "既然大家都认为这行不通，那谁能告诉我为什么？" |

## 9.3.8 不一致的期望

**"咱们说的不是一回事。"**

当讨论的话题改变的时候，人们的预期也会发生改变。他们可能以为团队会重点攻关某些设计要点，或者作出某些具体的改进，或者确定某些具体目标。结果是，团队这边已经干得热火朝天，而其他人则发现他们搞错了方向。

这可比搞错设计范围还要糟糕。因为一步错，步步错，到最后局面可能不可收拾。就算通过一些文件我们能够找出问题的根源，但是一旦这种情况开始出现，那再仔细的盘查都没法挽回局面。

| | |
|---|---|
| 参考情境 | ■ 缺乏稳健的策略（没有明确的方针，团队无法保持一致）。<br>■ 临时增加需求（等于改变期望）。<br>■ 新视角（新的视角带来新的期望值）。 |
| 表现征兆 | ■ 对话表明团队中不同成员之间没有共同语言。<br>■ 有些批评针对的是人们的表现。 |

**解决方案**

| 方案 | 示例 |
|---|---|
| 找客观理由 | "基于最后一次会面的成果，我的项目经理所希望的是不同的东西。" |
| 顺理推演 | "好吧，我会把这些都记录下来，下一次再遇到这个问题时大家只需要查阅记录就可以了，没必要再讨论一次。" |
| 设定合理预期 | "我对任务的理解可不是这样。我们来谈谈在这个给定的条件内，我要向重回正轨，需要做什么？需要注意什么？" |

## 9.3.9 进展不足

**"您完成了多少?"**

设计师们并没有让项目产生多少实际的进展:分配的任务仍然没有完成,设计课题还没有完全解决或者反馈意见还没有落实。同事们会质疑设计师的能力,而拖拖拉拉的进度会浪费项目预算,打乱预定的节奏。

这种情境极少是因为设计师的懒惰。大多数时候,问题的根源是以下几点。

■ 无法有效地管理时间。

■ 任务过多,分身乏术。

■ 孤军奋战,没有外援。

■ 遇到了棘手的问题,难以脱身。

这种"拖拖拉拉"的设计师会让人们感到沮丧,从而对他或团队失去信心,进一步干扰项目的进程。

| 参考情境 | ■ 缺少计划(进度迟滞是由于缺少计划性)。<br>■ 不合群(成员积极性不够,团队效率自然不高)。<br>■ 错误的设计范围(有时候进展不足是由于人们搞错了关注的焦点)。 |
|---|---|
| 表现征兆 | ■ 某人错过了设计评审会议。<br>■ 毫无准备地来参加设计评审。<br>■ 面对事关设计的基本问题时显得疑虑重重。 |

**解决方案**

| 方案 | 示例 |
|---|---|
| 回到基本面 | "让我们把每天的碰头会都放到日程表上,以确保大家步调一致。" |
| 适当减负 | "让我们从容易一点的小步骤开始,防止有人掉队。" |
| 设定合理预期 | "您能告诉我怎么样分配任务才更合理吗?" |

## 9.3.10　无关的对比

**"您去看过这个网站吗？"**

在这种情境中，某人找来了一个几乎与设计课题毫不相关的范例作为参考对象。团队集思广益的时候，如果您提出的是这样的东西，那么会分散团队的注意力。

毋庸置疑，所有的设计都需要一些外部参考因素。借鉴一些范例对设计是有益的，设计团队在遇到一些与设计课题间接相关的例子时一定要格外谨慎。

| 参考情境 | ■ 缺少先决条件（仅仅依据单一的条件来评价贡献）。<br>■ 不合理的约束条件（团队被要求在一些无关紧要的条件上吹毛求疵）。<br>■ 搞不清需求（由于缺乏清晰的目标，团队不得不寻求其他的参考依据）。 |
| --- | --- |
| 表现征兆 | ■ 从其他产品那里照搬一套需求和标准过来。<br>■ 没有考虑到目标、受众或业务上的差异，仅仅通过对比其他产品而得出一个不切实际的期望值。<br>■ 仅仅因为它看起来不酷，就把最有关联的参照对象丢弃掉。 |

**解决方案**

| 方案 | 示例 |
| --- | --- |
| 考虑微观 / 宏观两个层面 | "从战略上来看，我们的竞争对手正在尝试 X、Y 和 Z。您可以轻而易举地看出来他们的做法，其中包括 A、B、C……" |
| 询问重点 | "如果这种对比能够引入新的需求，您能根据它们和现有需求及目标的相关程度对它们进行优先排序吗？" |
| 讲清影响 | "好的，如果我们把这些东西纳入我们的工作，那会影响到我们的日程安排。也就等于影响到我们的工作。" |

# 9.3.11 缺少先决条件

**"嗯，好吧，我们并没打算将预算用于用户调查。"**

设计师们在界定问题或解决方案时，缺少详细的先决条件（由外部条件决定的信息，如需求、起点等）。对于一个任务而言，由于缺乏这样的基础信息，设计师会一头雾水，而产出的设计方案或产品要么会指向错误的方向，要么会显得杂乱无章，要么会基于草率的臆断。

有经验的设计师即使在没有任何先决条件的情况下依然知道该做什么，他们能够避开风险继续推进项目进展，而且知道缺少的是什么样的信息。如果设计师没有意识到这个问题，那么他们会在工作表现方面出现问题：要么不能按期完成任务，要么准备工作随意且不充分。

| 参考情境 | ■ 与关键角色脱离（应该向正确的人征求必要的意见）。<br>■ 缺乏稳健的策略（缺乏一个必要的决策机制）。<br>■ 搞不清需求（没有具体的目标）。 |
| --- | --- |
| 表现征兆 | ■ 无法在分配的任务内做出有实质意义的东西。<br>■ 无法为设计师解答基本的问题。<br>■ 无法解释为何设计不管用（需要更多的条件限制，但设计师无法得知）。 |

**解决方案**

| 方案 | 示例 |
| --- | --- |
| 制定计划 | "由于我们丢失了一些重要的信息，所以我建议大家在设计时采取谨慎的做法。这里是设计准备的步骤，隐含了我们在理解上的差距。" |
| 顺理推演 | "如果就在这个先决条件不足的前提下开始设计，我可以把可能遇到的问题——列举出来。" |
| 做出假设 | "我们能够在这个基础上继续推进项目进展，但是缺少的条件我们会用假设来补足。每一处假设我们都会做出说明。" |

现实情境

## 9.3.12 缺乏背景信息

**"要开始这一步，还需要掌握很多相关的信息，比如……"**

团队如果对组织、业务或流程的背景信息没有足够的洞察力，那么在随后的设计过程中，他们不得不拿出时间来学习很多东西，比如投资方的情况、审批流程、业务规章等。背景信息是项目成败的关键，这是因为，它们决定着什么样的途径是最优途径，什么样的方案是最佳方案。背景信息不仅仅决定着项目的限制条件和范围，也约束了设计行为本身。

如果出现这种情境，那么项目团队遇到的各种无法规避的风险、障碍或迟滞都归咎于对背景信息的忽视。投资方会觉得项目团队不重视他们，从而不情愿地放弃自己的角色定位，消极参与。团队可能认为，这些背景信息会带来太多干扰，忽视它们是为了确保团队有序运作。而实际上，这种"干扰"对于项目进程来说是有益的。

| | |
|---|---|
| **参考情境** | ■ 错误的设计范围（由于缺乏背景信息，团队容易搞错重点）。 |
| | ■ 与关键角色脱离（错误的判断是由于意见来自于错误的人）。 |
| | ■ 缺乏稳健的策略（由于缺乏背景信息，团队在基本方略上缺少足够的洞察力）。 |
| **表现征兆** | ■ 出现了多余的设计评审。 |
| | ■ 在已经敲定的需求和条件之上又出现了新的内容。 |

**解决方案**

| 方案 | 示例 |
|---|---|
| 挑定一件事 | "我知道事情不像表面上看起来那么简单，但是只要我们了解了 X，设计工作就会更加高效。" |
| 互帮互助 | "我们的工作不仅仅是为了做出优秀的产品，还是为了帮助您获得成功。您需要从我这里获得什么样的背景信息呢？" |
| 列出假设 | "在对背景信息一无所知的情况下，我不得不做出一些假设。您能告诉我这些假设是否正确吗？" |

# 9.3.13 缺少决策者

**"那么,项目组是什么意见呢?"**

设计决策久拖不决,因为团队在必要的时候没有决断的权力。这一情境有很多不同的版本。

■ 决定权由若干投资方掌握,谁说了都不算,必须等他们达成一致。

■ 决定权虽然是由某个人独自掌握,但是他缺乏决断的能力。

■ 谁都没有决定权,这个事先就没有明确下来。

■ 有一个决策者,但是团队不买他的账,决策得不到执行。

再好的决策机制都无法自动敲定每一个设计决策。有些设计课题还是需要商议,最终的决策还是需要有人行使决断权。

| 参考情境 | ■ 与关键角色脱离(团队也许有人负责决策,但这个人和项目并非利益攸关)。<br>■ 答复不及时(决策若不能集中,那么答复也必然不及时)。<br>■ 工作安排和目标不一致(由于缺乏严格的监督,没人能确保劳动的意义和价值)。 |
|---|---|

| 表现征兆 | ■ 团队频繁地推迟决策。<br>■ 团队让决策变成简单的投票行为。<br>■ 在会议的关键阶段,却出现了令人尴尬的沉默。 |
|---|---|

**解决方案**

| 方案 | 示例 |
|---|---|
| 超前预见 | "由于决策需要获得所有人的认可,所以我们得确保它和每个人都有关。也就是说,项目之初提出的目标和标准将是我们最主要的指导原则。" |
| 举办研讨会 | "为了达成一些关键决议,我们组织了这个研讨活动。目的是尽可能让我们的决策更切合实际。" |
| 讲清影响 | "没有集中决策的机制,项目进展就会很缓慢。不妨来看一下它对日程安排有什么影响。" |

现实情境

## 9.3.14 缺乏稳健的策略

**"自从上次讨论过后，事情已经有所变化了。"**

所谓稳健的策略，我指的是项目中一些基础的东西。

■ **业务方面**：组织方式、业务流程、产品增值的方式等一切对产品本身产生影响的因素。

■ **项目参数**：目标、限制条件、需求等对设计活动产生影响的因素。

在这个情境中，项目的目标、参数或限制条件不固定，原因可能是来自于项目团队之外，有时候项目进程本身也会引起这种变化。

还有一种情况，那就是这些基本的东西压根就没有明确过。有时候设计师的困扰并不是因为条件变来变去，而是因为最初就没有一个固定的、清晰的定义。

| 参考情境 | ■ 与关键角色脱离（只有将利益攸关的角色纳入团队核心，才能够形成合理稳健的策略）。<br>■ 设计方向感迷失（决策机制不合理会导致团队的混乱）。<br>■ 强调竞争，忽视设计（由于机制不完善，团队很容易陷入心怀各异的局面）。 |
|---|---|
| 表现征兆 | ■ 会前定调："会议开始前，我先声明，会上的内容我刚刚和行政部门交换完意见。"<br>■ 突然改变对既定决策的立场。 |

**解决方案**

| 方案 | 示例 |
|---|---|
| 做出假设 | "我们需要一套设计原则。" |
| 找客观理由 | "要想按时交付项目，我们就不能再对设计方向做任何修改。2 月 1 日之前，如果还有什么修改意见，这是最后期限。" |
| 运用项目思维 | "由于我们需要一个稳健的策略来推动设计，不妨让我们把预算和时间问题放在一边，先把这个策略定下来。接下来四周时间里我们要把基础性的工作做完，这里是工作计划。" |

# 9.3.15 临时增加需求

**"眼下我们想到这一点了，但是我们还需要……"**

大多数设计活动在最初都会建立一个需求。随着项目进展，团队会逐渐满足这些需求。然而更重要的是，他们会因为满足既定的需求，而没有为更多可能产生的新需求留下空间。

这些在项目进程中加进来的需求主要来自于这些情况：投资方没空参与项目进程；某人忘记事先说明；业务上的变动引起的连锁反应。

最终，项目团队会发现，无论是什么样的新需求都会改变设计课题，即使是对先决需求最微不足道的调整都可能导致设计方案推倒重来。

| 参考情境 | ■ 新视角（不同的人会有不同的视角）。<br>■ 消极参与设计活动（该提意见的时候不提，开始行动了又突然冒出各种声音）。<br>■ 答复不及时（突如其来的新要求，以及间隔过久的定期反馈）。 |
| --- | --- |
| 表现征兆 | ■ 任何以这样的开头开始的话："伙计们，我突然想到……"<br>■ 无法将新的需求合理地包含到现有的设计框架内："也许我们可以硬把它塞进方案里？" |

**解决方案**

| 方案 | 示例 |
| --- | --- |
| 询问重点 | "按照这些新提出的需求，我们的设计要重新来过。您可否给这些需求排出一个优先顺序？" |
| 顺理推演 | "让我们推演一下，这些新需求会对设计产生怎样的影响。我不认为在现有的条件约束之内我们能够实现它们。" |
| 制定计划 | "好吧，既然这些新需求会影响到我们的计划。这里有个调整的办法能够让我们的计划适应新需求。" |

## 9.3.16　对语气的误判

**"您邮件中的措辞简直是盛气凌人。"**

谈话中的另一方——无论是面对面还是借助通信手段、无论是否是实时交谈——都可能带来不快的经历。这种不快可能并不是来自于交谈的内容，而是来自于陈述的口气。有时候，即使是最简单的一句话也可能让人郁闷大半天。

出现这种情境时，沟通会因为某人对某些信息中的语气的不满而中断，同样，收到信息的一方也极有可能以彼之道，还施彼身。

| 参考情境 | ■ 不合群（通常不愿和他人交流沟通）。<br>■ 不良的反馈（不懂得平和地表达自己的意见）。<br>■ 消极参与设计活动（由于不想听，自然就听不到想听的东西）。 |
| --- | --- |
| 表现征兆 | ■ 一个简单的请求却换来长篇大论的回复。<br>■ 对本无恶意的话做出过激的反应。<br>■ 对一句原本无害的话做出的回应，居然表现出对"有损业绩"甚至"丢掉工作饭碗"的担忧。 |

解决方案

| 方案 | 示例 |
| --- | --- |
| 变换沟通渠道 | "不好意思，我打电话过来是想解释一下，我在电子邮件里面的语气可能会引起您的误解。" |
| 反映定位 | "听起来您好像不太开心。我能猜测一下是什么原因吗？" |
| 暂时搁置 | "我第一次读到您的邮件时，我以为您对我很恼火。不过事后我想通了，现在我们来谈一谈您的意见吧。" |

## 9.3.17  新视角

**"我知道我得跟上您们，但是……"**

有时候，对投资方来说最困难的事情就是抽出时间来参与项目。而当他终于介入时，团队则会面临两个问题。

■ 不能对他产生过高的期望，因为他可能对项目计划一无所知，或者不感兴趣。

■ 别指望能得到有价值的反馈意见。

| | |
|---|---|
| 参考情境 | ■ 临时增加需求（如同新的视角，新的需求也会影响项目的进展）。<br>■ 缺少计划（好的计划有时候能在关键时刻让关键的人参与进来）。<br>■ 不合理的约束条件（新视角会带来一些与现有需求相矛盾的约束条件）。 |
| 表现征兆 | ■ 同新来的投资方代表会面时草草了事。<br>■ 发现项目团队中某个人把工作进展拿给团队外的人去看，仅仅因为对方是某个重要的投资方代表。<br>■ 组织内的人事调整放在项目进行过程中，这会导致预算和项目结构发生变化。 |

**解决方案**

| 方案 | 示例 |
|---|---|
| 坚持现有流程 | "鉴于项目参数，我们不能采纳这个新的意见，而且仍然希望在期限内完成项目。我们能一起看看如何处理这个新观点吗？" |
| 框定对话主题 | "我知道这是您第一次见到它。也许您会有很多想法。让我从问您一些具体的问题开始，逐渐了解他们。" |
| 提供替代方案 | "凭借这些新信息，我们有几个选择。选项 A 是忽略他们继续原有的工作。选项 B 是按照重要程度予以取舍，看看它们对日程安排有什么影响。选项 C 则是全部接受，并重新制定日程安排。" |

## 9.3.18    缺少计划

**"好吧，接下来干什么？"**

在这种情境中，项目缺乏一个用来定义成果期望、活动、时间安排和工作分工的计划。于是一周又一周过去了，人们一直不知道该做什么。他们也许能意识到计划的一部分，意识到项目目标，而不是实现目标的步骤。最糟糕的情况是根本没有计划，所有团队成员都是凭感觉在做事。即使是最精简的计划也能将大家的步调一致起来，考虑关于协作的事宜。

如果日复一日，甚至周复一周，人们都不知道该干什么，那么他们会感觉到很孤立。他们不知道自己做的事情是否正确、是否有意义。一旦他们的工作需要和别人配合起来的时候，就会产生冲突。

| | |
|---|---|
| **参考情境** | ■ 搞不清需求（不知道要干嘛，自然就没有计划性）。<br>■ 工作安排和目标不一致（人们所忙碌的事情对项目进展毫无益处）。<br>■ 准备工作画蛇添足（由于缺少计划，团队有可能在准备不足的情况下着手开始项目）。 |
| **表现征兆** | ■ 无法讲清未来几天或几周内的具体任务和目标。<br>■ 说不出主要的项目阶段。<br>■ 发现一些重叠的工作。<br>■ 发现工作安排没有章法可循。 |

**解决方案**

| 方案 | 示例 |
|---|---|
| 找客观理由 | "您看我们一直都忙碌于设计工作，但是我的老板要我对时间利用情况作出说明。如果我们能够设置一些基本的阶段划分，我认为这会比较有帮助。" |
| 表述形象化 | "我打算把未来三个月的日程安排表画到公示栏里。现在请大家告诉我每周以及每月结束之前您们需要做些什么。" |
| 提供替代方案 | "这里有两个可能的实现途径。我们可以分多次提交成果，每次提交一部分。也可以一次性提交所有成果。让我给您解释一下这两种途径的运作方式，看您喜欢哪一种。" |

# 9.3.19　设计时间不足

**"明天我只能拿出一个粗略的方案，不知道行不行？"**

设计团队之外的压力会形成一个不合理的时间表。团队无法在这个时间内完成创意的构思、完善。

如果在不足的时间内强迫设计师做出结果，那会让他异常愤怒。如果他不得不做点什么来满足这种不合理的要求，那么他只可能剔除一些设计概念，至于具体问题都是无法解决的。就算他做到了，那也为将来的工作树立了一个恶劣的导向，等于告诉人们这个不合理的时间是"够用"的。

有时候，团队为了争取项目或者证明自身价值而甘愿冒着风险，缩减项目用时。他们不想让客户失望，或者是不愿放弃主导项目的权力，为了这一切，牺牲的只能是自己的时间。

| 参考情境 | ■ 缺少计划（缺少时间是因为日程安排不合理）。<br>■ 答复不及时（由于反馈不及时，挤占了设计时间）。<br>■ 缺乏设计常识（制定计划的人并不知道怎么做计划）。 |
|---|---|
| 表现征兆 | ■ 不合理的比较："以前您的动作可比我快。"<br>■ 过分简化设计流程："我没有要求它完美无缺，我要的只是一些想法。"<br>■ 威胁："如果您不做，我会找人来做。" |

**解决方案**

| 方案 | 示例 |
|---|---|
| 坚持既有程序 | "这个日程安排没有给我们足够的时间来充分地解决设计问题。我们的流程要求频繁地协作和反复地修改。在这个时间框架内，我们无法保证项目的成功。" |
| 互帮互助 | "我也想帮您，但是日程安排没有给我们足够的时间。您可以告诉我这个日程表是怎么做出来的吗？" |
| 设定合理预期 | "这个日程安排根本不现实。让我们突破它的限制，这样我才能告诉您我们能做什么，不能做什么。" |

## 9.3.20　不合群

**"我一个人就可以搞定了。"**

有些人尽管身处团队之中，但是却拒绝同他人发生关系。如果这个人在团队中有一定的权力，那么他可能拒绝授权给别人，或者喋喋不休地指责别人的工作。如果他仅仅是一个参与者，那么他可能对他人的贡献视而不见，同时拒绝别人的帮助，或者擅自越权。

如果有人拒绝协作，那么其他人也无法有效地开展协作。他们总会遇到各种阻力，这影响着他们的工作表现。

相比团队中缺少合作的机制来说，这种情境更糟糕。最极端的情况下，某人可能对谁都看不顺眼，认为每个人都很差劲——不是能力素质这种客观因素，而是人品动机等主观因素——他认为别人都是坏人。在这种情况下，他认为要想让项目取得成功，就必须踢掉某人。面对这种情境，其他人只可能躲得远远的，尽可能减少工作量，最小限度地满足任务需求。

| 参考情境 | ■ 准备工作画蛇添足（强势的领导意欲事无巨细地把所有工作都做到位）。<br>■ 消极参与设计活动（不是独断专行，而是毫无见地）。<br>■ 与关键角色脱离（用一个立场阻止所有其他的观点）。 |
| --- | --- |
| 表现征兆 | ■ 被请求分担责任的时候经常表现出戒备心。<br>■ 更喜欢伏案工作，而不是集体活动。 |

**解决方案**

| 方案 | 示例 |
| --- | --- |
| 寻求帮助 | "您能帮我组织这个项目以便让每个人都觉得自己能做出有意义的贡献吗？" |
| 回到基本面 | "让我们把日常的碰头会列进日程安排中，以便于我们能够确保您的步调和其他人保持一致。" |
| 讲清影响 | "由于团队的松散和沟通不畅，我们无法让投资方及时了解项目的最新进展。" |

# 9.3.21 准备工作画蛇添足

**"我觉得我们已经有解决方案了。"**

项目组有可能在面对实际问题前就通过一定的手段对问题进行模拟，其结果就是，当人们真正面对问题的时候，他们已经有了思维定势。尽管收集各方的创意有利于对设计课题的界定和概括，但是在这个阶段如果对创意雏形进行过于细致的评估，或是开始统一大家的认识，这都会阻止人们对问题进行进一步的探索，而这就是一种过度充分的准备。

好的设计策略——团队会在项目开始之初对设计课题和设计方向进行定义——不仅仅要求验证目标和制约因素，还需要建立起整体的远景目标。当团队在一个设计概念上徘徊太久时，人们会形成一些根深蒂固的观念，这会引起冲突，这是因为某些团队成员未必愿意放弃最初的想法。

要克服这种情境并不容易，这是因为人们都更倾向于熟悉的事物，对于一种熟悉的设计概念，那种主人翁意识会阻止人们接受新概念。

| 参考情境 | ■ 设计方向感迷失（设计概念基于的是不完备的基础）。 |
|---|---|
| | ■ 强调竞争，忽视设计（基于在另一个团队的工作经验来设定设计概念）。 |
| | ■ 无关的对比（基于单一的条件来设定概念）。 |

| 表现征兆 | ■ 拿先前的某个决策内容（而不是依据的原则）来评价甚至推翻现有的决策。 |
|---|---|

**解决方案**

| 方案 | 示例 |
|---|---|
| 举办研讨会 | "对设计而言，没有最好，只有更好。让我们举办一次活动，在其中每个人都可以抛出一些想法，我们将一起来研究并论证这些想法。" |
| 提问 | "开局不错。我要问您一些关于设计决策和优先考虑因素的问题。" |
| 讲清来龙去脉 | "请解释一下人们会如何利用这个方法来完成关于目标受众的三个首要任务？" |

现实情境

## 9.3.22　不良的反馈

**"我也说不上来，反正就是看它不对劲。"**

这种情境指的是，团队收到的反馈中既没有对产品的改进意见，又没有对当前工作的评价，也没有对下一步工作的指导性意见，全部反馈综合起来就是一个意思——好或差——毫无理由，莫名其妙。如果团队成员们默契无间，那么设计师在听到这样的反馈意见时有义务去揣摩背后的意思，结果往往也是八九不离十。否则这种反馈就是没意义的。

如果设计团队收到的都是这种没有内容的意见，那么他们会原地转圈，项目也会停滞不前。一般来说，这些反馈无法为其他人指明方向，更进一步会影响到人们的表现（我们是否做出了有意义的贡献）或行为（我们是否沟通良好），最终成为阻止项目成功的障碍。

有时候，这种情境会变得更糟，尤其是当人们无法（甚至不愿）提供有意义的反馈的时候。此外，设计师也可能没有问对问题。如果项目全程都缺乏沟通与协作，那么参与者也无法从先前的错误中吸取足够的经验，这就又少了一个获取反馈的途径。

| 参考情境 | ■ 对语气的误判（错以为对方是人身攻击，从而做出错误的反应）。<br>■ 盲目追求眼球效应（被一些华而不实的东西遮蔽了双眼，反馈没有实际意义）。<br>■ 搞不清需求（缺少足够的背景信息作为参考）。 |
| --- | --- |
| 表现征兆 | ■ 对话没有实质性的行动内容。 |

**解决方案**

| 方案 | 示例 |
| --- | --- |
| 框定对话主题 | "感谢您的初步意见。我有一些具体问题需要您进一步给出建议。" |
| 小步慢走 | "这是一个整体层面的反馈意见，我们能不能一步一步地推演设计过程，把您的意见贯彻到每一步，看看它对每个决策的影响呢？" |
| 换个比喻 | "好吧。现在假设您是这个系统的用户，让我们看看您是如何一步步完成任务的。" |

# 9.3.23 随意组织的介绍或讨论

"我也不想让您置身于这种场合，但是……"

有时候，设计团队会在毫无预告的情况下决定召开一个会议或是组织一次讨论，叫人措手不及。设计师不可能随时准备参加概念研讨会并提交概念，团队也不可能随时准备好回答投资方的任何提问。除非您指望团队里人人都是随机应变的高手（"他们的 CEO 要来参加会议，是吗？""嗯，这本来只是一次部门内的会议。"）。

设计工作有时候得看投资方的脸色，他要是没搞懂，您就别想开工。所以说，即使您的方案和工作质量再好，介绍不到位，仍然没有用。

设计进程必须考虑到这种情境，突然而至的通知和短促的准备时间未必就说不过去，但是团队必须意识到这么做的风险。

| 参考情境 | ■ 临时增加需求（折腾的一种形式）。<br>■ 新视角（仍是一种折腾，尽管看起来是善意的）。<br>■ 设计时间不足（统筹安排时间不合理）。 |
|---|---|
| 表现征兆 | ■ 要求您在不到一天的时间里完成方案提交的准备工作。<br>■ 临时增加与会人员。<br>■ 缺少会议议程。<br>■ 对与会人员一无所知。 |

**解决方案**

| 方案 | 示例 |
|---|---|
| 设定合理预期 | "我很乐意参加，但是我不知道我能否在准备不足的情况下给产品增加更多的价值。这些是我比较有把握的部分……" |
| 坚持现有流程 | "对不起，如果准备不充分，我不打算参加会议。不过我倒是乐意旁听会议，我想知道您们的兴趣点在哪里。" |
| 提问 | "您能告诉我这个提交会议是什么目的吗？" |

## 9.3.24　消极参与设计活动

**"到时候我会把图纸留给大家，我的意思都在里面。"**

　　有些团队成员对于类似头脑风暴这样的设计活动不感兴趣，参与也不积极。这个协作阶段能够催生很多创意，也能找到很多解决方案，这是设计进程中极为重要的一个阶段。自从设计中的产品（无论是网站还是别的）接触到组织中的多数人开始，这个阶段就必然开始和各种不同的人产生联系。而他们中的一些人未必会赞同这些活动。

　　在这个情境中，"一粒老鼠屎会搅坏一锅汤"。某个人的消极情绪会蔓延开来，导致团队的积极性下降。这也许会转变成方法逻辑上的冲突，团队中的其他人会开始质疑设计师的处世方式。

　　设计师也许认为，他们的作用是创造伟大的产品，而不是向人们传播设计理念和兴趣。如果团队中没有人负责调动大家参与活动的积极性，那么解决这个问题会很困难。

| 参考情境 | ■ 不合群（表现为离群索居，闭门造车式的人）。<br>■ 缺乏设计常识（不理解，或者是对工作不感兴趣）。<br>■ 临时增加需求（眼下的不合作意味着将来会面对新问题）。 |
| --- | --- |
| 表现征兆 | ■ 当会议进入到实质性阶段的时候离开会场。<br>■ 谢绝会议邀请。<br>■ 分心走神（玩弄电脑或手机）。 |

**解决方案**

| 方案 | 示例 |
| --- | --- |
| 提供起点 | "事实上，您不需要做太多的事情。我已经准备了一些东西作为我们讨论的出发点。" |
| 坚持现有流程 | "我知道这感觉不好受，但是您得试一试。它的确是和我们每个人都相关的。" |
| 讲清影响 | "好吧，我知道您不想参与讨论，但是如果您给项目附加了一些条件的话，我们未必会意识到它并对它负责。" |

现　实　情　境

# 9.3.25　答复不及时

**"[ 此处故意留空 ]"**

您所发出的调查问卷、需求报告，以及所有那些同项目进展有关的信息，都如同石沉大海、杳无音讯。这将在操作层面导致项目停滞，因为您并没有获得应有的回应，而这些决定着您下一步的工作。

很不幸，我们身边就有蛮多这样麻木不仁的同事，他们会让讨论的焦点从设计课题转移到沟通问题上来。使得原本用来讨论或研究设计概念的时间，被用来思考这样的问题：有什么好办法能让这些（人、事、信息……）参与进来？如果放弃他那部分的结果，我需要增加多少工作量？我是不是要再催催他？

| | |
|---|---|
| **参考情境** | ■ 临时增加需求（迟来的答复可能会带来新的要求）。<br>■ 不良的反馈（迟到的答复不见得比无用的答复更好）。<br>■ 协作不畅（如果协作磕磕绊绊，那么团队也无法在第一时间获取有益的反馈）。 |
| **表现征兆** | ■ 经常错过会议。<br>■ 经常忽略电子邮件。<br>■ 即使您去追问他，他还是能找出一大堆理由来，总之就是不做回复。 |

**解决方案**

| 方案 | 示例 |
|---|---|
| 坚持现有流程 | "在我继续工作之前需要反馈意见。您今天能不能抽出 15 分钟来快速地浏览一遍我的设计方案呢？我想知道是不是有什么原因妨碍了项目进展。" |
| 讲清影响 | "没有这些反馈，我们无法再规定期限内完成任务。根据您反馈的情况，我最少都要一周的时间来分析并作出修改。" |
| 提供起点 | "我一直都没有听到您的反馈意见。要不您先回答这两个关键问题吧？" |

## 9.3.26    与关键角色脱离

**"我打算把这个拿给副总看一下，然后告诉您他的看法。"**

由于官僚作风，设计师发觉自己和 VIP 客户或者投资方隔绝开了。这种隔绝可能是由组织内的人为因素造成的，也可能是由某些团队成员促成的。

"电话效应"——命令式的传达方式，妨碍着设计师的协作，他们无法去交流观点、索取资源或理解反馈。而团队中的一些人（尤其是那些由于官僚习气而造成这种局面的当事人）反倒以为是设计师的积极性出现了问题。

一旦这种官僚做派成为企业文化的一部分，当设计师想要规避这些冲突的时候，之前同团队之间的矛盾就会让局面更加复杂困难。从那些直接同设计师打交道的人们眼中看来，设计师成了"麻烦制造者"，而那些高层的官僚们则会摆出一副息事宁人的姿态。要想结束这种隔绝的状态，第一步就是构建信任。

| | |
|---|---|
| 参考情境 | ■ 协作不畅（如果无法和关键的角色取得顺畅的协作，那么各项设计活动也将很难协调起来）。 |
| | ■ 新视角（如果不吸收投资方的意见，那么设计方向容易出现偏差）。 |
| | ■ 不合理的约束条件（团队被迫在缺少关键信息的情况下开展设计活动）。 |
| 表现征兆 | ■ 向重要的投资方代表提交设计概念时没有邀请设计团队成员到场。 |
| | ■ 限制投资方或客户与团队的会面，使得会议少之又少。 |

**解决方案**

| 方案 | 示例 |
|---|---|
| 举办研讨会 | "由于您的时间有限，所以我们不得不争分夺秒。为此，下周某个上午我们必须拿出几个小时来收集设计创意。" |
| 坚持现有流程 | "这些人掌握的信息对于项目成败至关重要。如果他们不参与进来，我们无法兑现计划中的承诺。" |
| 小步慢走 | "这一次我制定计划的时候假设他们能够参与的时间比较有限，但是下一次无论如何都要争取让他们多参与进来。" |

## 9.3.27　工作安排和目标不一致

"每个人都认为需要一整天的时间来收集、讨论各方意见，这是固定的流程和做法。"

有时候团队组织的设计活动并没有实际的意义，看起来对项目也没什么积极作用。

如果设计师的工作同项目息息相关，那这种活动又怎么可能毫无意义呢？假如一个团队形成了他们自己的工作流程，而且沿用了很多固定的做法，但是没有针对项目的特殊要求做出调整，那么就会出现"为了开会而开会"的情况。即使按部就班地进行某些设计活动并不符合实际，但由于这是一种惯例，要改变这些活动就不得不由所有人共同决议才行。

设计团队都有一些固定的工作流程，但是好的团队知道，他们的固定流程必须能适应各种复杂甚至极端的情况。

| 参考情境 | ■ 搞不清需求（不知道目标，自然就无法合理分配任务）。<br>■ 错误的设计范围（一旦关注点搞错了，越是努力，错得越离谱）。<br>■ 盲目追求眼球效应（这能反映出工作安排和目标的不一致性）。 |
| --- | --- |
| 表现征兆 | ■ 没有考虑到每个人的需求以及活动安排。<br>■ 无法解释安排这些活动的意义。 |

解决方案

| 方案 | 示例 |
| --- | --- |
| 设定合理预期 | "即使我们的项目计划中有这些活动安排，我仍然认为这不是实现项目目标的最佳途径。让我把对您的预期和我预测的结果统一起来。" |
| 征求第一步的做法 | "现在我们知道该干什么了，那么第一步我们该做什么？" |
| 制定计划 | "让我们退回到先前一步，重新审视目标，从目标开始倒推，看看我们的工作是不是搞对方向了。" |

现实情境

## 9.3.28　协作不畅

**"那么，究竟谁来做这件事？"**

有的项目团队没有计划性，设计方向也没有涵盖所有应该涉及的方面。有的项目团队意识到项目的目标，也知道应采取的行动和该实现的产品功能，但是没有把人员组织起来共同协作。

如果人们不知道如何把工作协同起来，那么当他们遇到需要决策的事项时，也就不知道是否该通过集体讨论或者独自决定。

这种情景，一小部分原因是团队欠缺计划性，大部分原因则是团队的文化和心态对于协作的抵触。这种抵触，无论是来自于企业文化方面，还是来自于个人方面，都是根深蒂固、难以改变的。

| 参考情境 | ■ 工作安排和目标不一致（人们的工作指向不同的目标）。<br>■ 不合群（某个人的个性因素导致整个团队不畅）。<br>■ 缺少决策者（散漫的队伍不可能有顺畅的协作氛围）。 |
|---|---|
| 表现征兆 | ■ 缺少有计划的会议安排。<br>■ 难以理解的日程安排。<br>■ 会议缺少议程。<br>■ 对下一个步骤一无所知。 |

**解决方案**

| 方案 | 示例 |
|---|---|
| 承担责任 | "我本应该在顶层设计上多做一些工作。现在让我们回到上一步，仔细地筛查一遍所有的依赖项。" |
| 提供起点 | "每个人都对应不同的任务区分，但是我们的起点应该一致（比如都从一个设计课题出发），这样我们就能在一个共同的基础上开始设计工作。" |
| 列举观点 | "让我们把所有的依赖项都列出来，我们必须确保对每一项所需的时间作出明确。一旦设计原型符合最终目标的要求，我们就可以开始着手了。" |

## 9.3.29 设计方向感迷失

**"但是，我已经做了一些模型啊！"**

设计团队之外的一些人事先已经准备好了一些设计要素，比如屏幕布局、概念等，并以此明确了设计方向。如果一个非设计人员明确了这些设计要素，那么团队会感觉到压力，因为这些东西从设计的角度来看可操作性不强。看起来这些非设计人员分担了一些设计工作，实际上在设计师眼中他们就是在捣乱。因为您不知道，设计师眼中，这个世界是由设计师和其他人构成的（见前言）。

不过，通常情况下，这些人的本意并不是要鸠占鹊巢，也不是纯粹搅局，他们只不过是想通过这种方式参与到设计进程中而已。这种情境中，冲突通常产生于这样两种情形：

- 非设计人员也许本来就对设计团队不放心，他觉得他得做点什么才能确保项目能够按照他的意思进行。

- 或者，设计团队对于这些门外汉的热情和想法不屑一顾，本能地将他们排斥在外。

| 参考情境 | ■ 缺乏稳健的策略（设计方向找不到起点，因为从根本上来说就没有制度上的保障）。<br>■ 缺乏设计常识（团队成员没有掌握基本的设计原则）。<br>■ 盲目追求眼球效应（对设计的理解过于肤浅）。 |
| --- | --- |
| 表现征兆 | ■ 提交出一个与既定概念不相关的设计方案。<br>■ 想当然地认为所有设计概念都是成熟的，从而拒绝接受各方意见。 |

**解决方案**

| 方案 | 示例 |
| --- | --- |
| 提问 | "这很不错。但是我有很多问题，从第一个开始……" |
| 承担责任 | "对您的工作我表示感谢，但是我向投资方做出的保证是创建一个包含特定细节的原型。我想以这个作为出发点，但我认为我们有必要附加一些内容以体现团队的价值。" |
| 认可别人的成就 | "这是很好。您的确很努力。您能告诉我们您是如何做出这个决定的吗？您的依据是什么？我希望其中的一些细节能够被其他人所借鉴。" |

现实情境

## 9.3.30 不合理的约束条件

**"我要求您们的设计和其他所有网站看起来一样。"**

设计都是有限度的：约束条件决定着什么才是最好的解决方案。然而，有些项目却包含一些不合理的约束条件。

在这种情境中，只有当设计师想要突破条件限制，而不是想要放宽条件寻求妥协的时候，才会出现冲突。即使他们决定在这个限制以内寻求解决方案，其他一些人却发现设计无法进行下去。

| 参考情境 | ■ 无关的对比（类似于一种不合理的约束条件，例如盲目追求高大上，硬生生地加入一些不合时宜的东西）。<br>■ 缺少先决条件（设计基本要素的缺失）。<br>■ 不合群（有一种约束来自于人们的不情愿）。 |
| --- | --- |
| 表现征兆 | ■ 提出需求的理由仅仅是"它本该这样"。<br>■ 由于需求没有侧重，从而引发了竞争。 |

**解决方案**

| 方案 | 示例 |
| --- | --- |
| 考虑微观/宏观两个层面 | "您能否帮我概括地理解这个约束条件呢？也就是它为什么存在，以及它的表现是什么。我想找到一种方法，既不会违反规则，又不会对产品产生消极的影响。" |
| 询问重点 | "有些约束条件和产品需求相矛盾。您能帮我找出哪些约束条件相比其他先决条件而言更加重要吗？" |
| 顺理推演 | "好吧，就让我们按照这些约束条件绘制一个草图，这样我们就能看出它们在多大程度上制约着我们的能力发挥水平。" |

# 9.3.31 错误的设计范围

**"您什么意思？什么叫做我不务正业？"**

这种情境是指设计师搞错了工作对象。它有很多不同的表现。可能是设计师错误地理解了任务分工，不小心越界完成了别人的工作。可能是他把任务重点搞错了。也可能是他把时间消耗在一些无关同样的问题上，无形中不仅浪费了项目预算，还扰乱了计划安排。

对设计师而言，这可能是最丢脸的情况。因为您不仅仅是做出了一个错误的结果，更致命的是，您的全部努力和付出都打了水漂。团队除了要替您收拾烂摊子，而且还会质疑您的理解能力。这种情境对设计师的自信心是一个不小的打击。如果此人心态又不健康，那么他极有可能一蹶不振，从此消沉下去。

| 参考情境 | ■ 缺乏稳健的策略（追根溯源，错在最初）。<br>■ 缺少计划（没有计划时，你很难搞清楚该干什么）。<br>■ 协作不畅（交织重叠的东西太多）。 |
| --- | --- |
| 表现征兆 | ■ 会议中突然插进来一句："我可不能确定这就是您想要找的东西。"<br>■ 提交方案时才发现自己做出来的东西并不是大家所期望的东西。 |

**解决方案**

| 方案 | 示例 |
| --- | --- |
| 承担责任 | "很显然，我误解了您给我分配的任务。让我们一起来讨论这个问题，以确保我搞清楚自己该干什么。我能告诉您我需要多久才能重新赶上进度。" |
| 认可别人的成就 | "我很感谢您所做的工作。但是我在期待不一样的东西，因为我以为自己分配到的是另一项任务。让我们简短地聊一聊我的任务，看看是不是沟通上有些问题。" |
| 回到基本面 | "我已经把任务分配都记下来了，目的是确保大家步调一致。我们还应该在日程表上安排一些阶段性的事项和碰头会，以确保大家能够及时互相通报进展。" |

第10章

个性特质：
如何审视设计师

**本**章会详细介绍 17 种不同的个性特质，您在和设计师们共事时可能会经常遇见它们。所谓"个性特质"指的就是设计师个体特征的描述和界定。在设计团队的动态环境中，这些特质并不仅限于体现设计师与生俱来的天赋和魅力，还意味着他们面对各种现实情境时做出反应的方式，决定着他们与人沟通的方式，也描述着他们对世界的认知方式。

假如，团队知道我的个性特质属于"倾向于抽象思维"的类型，那么他们就会在项目进行到细节层面时，把那些概念化的、抽象的部分交给我来处理。又假如，我知道团队中某些人正好可以用"看待问题是否偏激"这个特质来进行描述，那么在征求反馈意见之前，我会单独安排一个评审的环节，全面细致地介绍我的工作，以确保大家能够提供有建设性的意见。

# 10.1　个性特质

- 随机应变的能力

- 对自我风格的坚守

- 联想与假设的限度

- 创造力的触发点

- 归纳问题的能力

- 钟爱节奏的程度

- 对待理论的态度

- 掌握反馈的能力

- 如何对待认可

- 看待问题是否偏激

- 倾向于抽象还是保守

- 掌握控制力的欲望

- 对于环境的要求

- 倾向于何种视角

- 应对多个项目的能力

- 如何参与设计校审

- 开放性

有些特质，从本质上来说都有积极的一面和消极的一面。例如，"开放性"的特质就属于这种，一个设计师的心胸是否开阔，这是一个程度的描述，或许他是个心怀大度的人，或许他在一定程度上表现出开放务实，也可能他就是一个心胸狭窄的人。

设计师应该将各种消极的因素减至最小，而将积极面发挥到极致。也就是说，他们要努力培养好的特质（如"开放性"），克服消极的特质（如"教条主义"）。

绝大多数的个性特质都有两个极端表现。例如"归纳问题的能力"，一种极端的表现是，设计师会过于简化地去描述设计课题，把它归纳为若干抽象的词汇。另一种极端则是照本宣科，不做任何归纳和总结，完全依赖项目本身的描述。如果某个特质具有极端表现，那么您要谨防自己处在其中任何一个极端上，就这个例子而言，无论哪种定义，都不能全面而又有条理地描述设计课题。对于其他一些难以通过一个维度来进行描述的特质，您不必纠结于"这种特质究竟体现出多少程度"，您只需要搞清楚"属于哪个类型"就可以了。

# 10.2 为什么不用人格测试？

您可能会问，"迈尔斯·布里格斯人格测试"以及类似的分析工具，都是成熟的技术，而且也得到了广泛的应用，本书在讨论设计师的个性特质时为什么不使用这些方法呢？难道这些特质不适合用它们来进行分析吗？

我并不是教条主义者，本章的很多内容也是借鉴了各种人格测试的一些观点和方法。但是我的目的并不是要对设计师的人格进行全面的定性，只不过是想告诉人们如何去了解身边的设计师，所以没必要上升到那个层次。反而，我提出冲突模型时，个性特质这个要素所关注的更多在于它是否有利于推动项目进展、合理分配资源和减小协作阻力。从这个角度来说，有必要针对设计师和设计工作做出更准确的描述。本书所使用的冲突模型有如下优点。

■ **更精确的定位**：我借用"粒度"来指代这个优点，它指的是微观层面特定的独立元素对其他元素和所属层面的影响程度。我认为，考虑到设计师可能面对的现实情境，把一个个具体的个性特质拿出来单独讨论或许更具现实意义。

■ **更精细的区分**：由"粒度"引申出来的一个推论，对这些特质，我着重突出了他们的区别，弱化了彼此之间的联系。也就是说，在我的描述里，一种特质并不会影响到另一种特质，它们彼此间没有相互参考的必要。目的是防止人们凭借有限的认识贸然对别人进行评价。

■ **更客观的描述**：简单地把个性特质理解为二元对立的特性（比如内向与外向，感性与理性）没有多少实际意义。多数特质是一个程度性质的描述，它有积极面和消极面，可取性和不可取性都是在一定程度上表现出来的，设计师需要全面客观的衡量。

■ **更明确的指向**：这个模型是针对设计从业人员而构建的。

# 10.3 如何利用个性特质

这些特质的粒度意味着设计师能够利用它们来映射个体的行为和观点，而这些行为和观点直接影响着项目进程。当设计师向我咨询的时候，我首先会鼓励他们在这些特质中找到自己的位置。在交谈过程中，如果我发现某些特质中的消极面对他们的行为表现产生最直接的影响，那么我便断定他可以用这种个性特质来进行描述。

具体来说，您可以试着问自己这样两个问题。

■ **找出您和团队中其他人的不同点**：是什么因素让您成为团队中不可或缺的组成力量的？

■ **找出制约您进步的短板**：是什么因素妨碍您成为您所理想的那种设计师？

这些做法不仅能帮助您自省，还有助于同事之间相互了解。在理解这些个性特质时，您要重点关注那些不合群的人，看看在他们身上，这些特质是否会导致他们的行为产生如下影响。

■ 导致其他不可理解的行为。

个 性 特 质

■ 导致与他们相处困难重重。

■ 引起其他团队成员的不安。

■ 违背了企业或团队的文化。

纠正这些妨碍工作的行为，并没有放之四海而皆准的办法。反之，每一个极具挑战性的个性特质都应成为有价值的案例，我们有必要针对这些进行一番富有成效的讨论。

为了便于您理解，在描述这些个性特质时，我都会在一开始用一句话来代表该特质某个极端的行为表现。它不仅能够用于描述特质本身，也展现了由该特质所引出的行为细节。其余的文字探讨了人们体现该特质的各种方式。

## 10.3.1　随机应变的能力

"我觉得自己的适应能力还不错，但是他们对设计进程做出了修改，这一点我还是不能接受。"

有些人的应变能力很强，处变不惊。然而设计师面对的突发状况可能要严峻得多：有时候面对的是对设计进程、方法甚至项目架构的大面积改动，这无异于整个项目推倒重来。

网页设计有它独特的行业发展趋势。回想我当年初次踏入这个门槛的时候，团队总是标榜他们的成绩，吹嘘说他们掌握了大量的用户调查技术。然而事与愿违的是，买单的大爷们对这些功能并不感冒。

设计部门可能会坚持某些特定的设计方法和流程，而团队中的其他部门则可能热衷于试验新技术。设计师们必须确保自己能够适应这样两种极端的状况。

**极端表现**

■ **无法适应**：设计师在遇到情况变化及需要自我调整的时候表现得异常焦虑，甚至是很抵触。

■ **渴望变化**：设计师在遇到一成不变的工序、重复性的劳动时表现出同样的焦虑和抵触情绪。

## 10.3.2　对自我风格的坚守

**"我的设计风格就是用纹理来丰富产品的内涵。"**

设计师都喜欢建立自己的标志性风格，或者使用特定的设计元素来彰显自己的个性。例如，我和妻子喜欢去看房，通常看到一座最近翻新的房子时，我马上就能看出设计师是谁——因为他的风格太有特点了。

我们能否说一个普通的设计师也有彰显自己风格的设计元素呢？这就可能需要一场辩论了。相对于这个辩题而言，我其实更加关心是设计师坚守自我风格的意志。有些设计师总会在自己的设计里置入这些元素，而对于已经敲定的设计元素却表现得很不情愿。有些人认为这就相当于一个占位符，目的就是告诉别人从这个点开始，之后都属于他的工作范畴。

我的设计风格倾向于展示密集的信息。我喜欢让一个网页充满内容，看起来像 20 世纪 90 年代的风格，直到今天我还在坚持。通常我会先把网页做成这个样子，之后再通过反复修改对它进行瘦身和改进。

### 衡量该特质的两个尺度

此个性特质有两个尺度，一个用于衡量设计风格的浓厚程度，另一个则用来衡量设计师对风格的坚守程度。相比前者，我认为后者更加关键——为了形成一种风格，设计师付出了多少心血？而让他放弃又需要付出多大的代价？

个 性 特 质

## 10.3.3 联想与假设的限度

**"很多东西超出了我的认识，所以我自行填补了一些空白。"**

设计师几乎不可能在万事俱备的条件下开始每一次设计。他们会发现，有些知识漏洞完全可以通过联想和假设来填补。每个设计师都有假设和推理的限度，如果事情在这个限度之内，那么他们能够做出的事情还是有价值的。如果超出这个限度，他们就不得不借助其他的力量或者学习相应的知识来解决问题。

这并不是说，只要能实现设计目标，用什么方法都可以。好的设计师知道面对何种问题时需要做出何种假设，他们绝不会让假设超越合理的范围。凭空捏造出一个依据是不负责任的。

### 极端表现

- **胆大妄为**：设计师不管准备是否充分，也不管条件是否成熟，兵来将挡水来土掩，"人有多大胆，地就有多大产"是他们的 QQ 签名。要知道这必然要冒极大的风险。

- **过于谨慎**：另一个极端，设计师表现得极有耐心，只要有一个先决条件不成熟，他就按兵不动，尽管等到万事俱备的时候，工作起来会更加得心应手，但是等到那个时候，黄花菜都凉了。

## 10.3.4　创造力的触发点

**"一旦我了解了目标受众的动机，我就能设计出任何产品。"**

有些条件和因素格外能激发出设计师的创作热情，他们一遇到这样的情况就立刻跟打了鸡血似的，血脉偾张，跃跃欲试。我见过的绝大多数设计师都需要这样的触发点。与其说它勾起了设计师的兴趣，不如说它激发了人们的创作欲望，而这个时候，设计师的灵感也往往处在爆表的状态。好不容易逮着机会，谁不想好好炫耀一番呢？

设计师可能有很多这样的触发点，下面就是我的。

■ 就算是设计一个最普通不过的软件产品，只要涉及信息筛选的功能，我就会变得很积极，好点子层出不穷。

■ 不管是研究什么问题，如果经过两次用户调查之后，目标受众仍能不知疲倦并饶有兴致地提出富有见地的意见，那么我马上会把油门踩到底。

了解到一个设计师的触发点就意味着以下几点。

■ 知道了促使他忘我投入的因素。

■ 解释了他灵感匮乏、热情低下的诱因。

■ 掌握了为设计师分配任务的依据。

毫无疑问，优秀的设计师不仅高效，而且属于任何项目无差别。关键不是说他们全才全能，而是因为他们能在任何项目中都找到那个触发点。

### 触发点的例子

这种个性特质并没有极端表现，也不可能用程度来衡量，因此我只能列出一些设计师通常具有的触发点。

■ 分析目标受众时。

■ 定义一个抽象的大概念时。

■ 解读业务模式时。

■ 和仰慕的人一起工作时。

■ 致力于某种特定类型的产品时。

# 10.3.5　归纳问题的能力

**"我可以把这个项目归结为三个要点……"**

即使是在有限零散的信息当中，有些设计师仍能发现设计中的本质问题。他们能够轻松地理解项目的目的，并能指出解决问题的必要步骤。投资方一般都无法精确表达他们的需求（您也别指望他们具备这种能力）。他们往往会错误地表述需求，或者是缺乏必要的信息，或者是提出错误的信息，有时候他们甚至只字不提——因为他们也不知道自己想要什么。尽管如此，有些大神只需惊鸿一瞥，就能看到问题的本质。

## 极端表现

■ **毫无洞察力**：设计师只懂得在有限的需求上做文章，绞尽脑汁憋出一个设计课题。为了满足需求，不论是在应对挑战的途径上，还是在总结需求的概念上，都放弃了思考。

■ **妄下结论**：相反地，设计师通过一些不负责任的肆意揣测来填补漏洞，最终形成了对设计课题的曲解。

## 10.3.6　钟爱节奏的程度

**"每周固定进行一次评审，这真是极好的。"**

节奏是指设计工作的规律性。一个较大的团队里，需要讨论的事项有很多。我就遇到过一些设计师，他们对设计评审情有独钟，只要取得一点进展，他们总要寻求一些反馈，而评审会议几乎每天都开，乐此不疲。其他设计师通常更喜欢慢一点的节奏，他们每周做一次设计评审，目的也许是想在正式提出想法之前争取更多的时间去完善它。

节奏通常都不是设计师决定的，而是由以下这些因素决定的。

- **工作负荷：** 当有多个项目同时进行时，设计师必须在某个项目上尽快取得进展，同时还不能影响到别的项目。这就需要及时的反馈，而快节奏对他们是有益的。

- **客户文化：** 项目中的其他人或投资方可跟不上设计师的节奏。他们的节奏可快可慢，有时候，投资方也需要征求他们单位领导的意见，而他们都是些慢条斯理的人。

一般来说，无论如何设计师都应该有权决定一个事关产品交付的节奏，使这些外部节奏和他们自己的节奏协调一致。

### 极端表现

- **节奏慢得令人发狂：** 一个极端是，设计师们更喜欢以一周或更久的时间作为周期来进行交流。这种交流也许更加正式，规格也更高。尽管这些交流仍然高效并实际，但是并不适用于所有项目。

- **一天作为一个周期：** 另一个极端是，设计师们不厌其烦地每天都要交流经验，他们以为八个小时之内项目可以取得足够的进展，实际上时间都拿来开会嗑瓜子了，值得讨论的东西未必存在。

# 10.3.7 对待理论的态度

**"按照这个恰当的方法理论，我们应当……"**

有些设计师把各种理论奉为金科玉律，他们强调，做事必须严格循规蹈矩，对理论必须准确无误地施行。一旦项目脱离了书本上的描述，他们就变得束手无策。而站在他们对立面的，是那些会灵活借鉴理论，用不同的方式加以诠释的设计师。

更要命的是，个别人唯理论至上，甚至认为存在一个万能的理论能够解决所有问题。这些教条主义者绝不会在程序和方法上做出妥协，他们根本意识不到，有的理论并不一定适用于当前的项目。

我在这方面的立场更倾向于中立。和教条主义者共事过的经验告诉我，他们通常不会给设计进程制造障碍。虽然成功的合作者不会轻易在设计流程上做出妥协，但前提是他们知道灵活选用合适的方法理论。不同的项目有不同的需求，好的设计流程能够适应项目中的各种细微的差别。

看起来教条主义者都集中在方法论的层面，实际上，每一个争论背后都是各种设计流派之间的矛盾。除此以外，教条主义还体现在以下这些方面。

- **工具：** 有些设计师坚持使用某一种特定工具去做所有的设计概念。其笃信之深已经到了痴迷的程度，其他的工具在他们眼里已经成为低劣甚至是错误的反面教材。

- **技术：** 虽然这也是一种方法论，但是它更具体。技术往往用于解决特定的问题，或是完成特定的任务。正如对方法论的虔诚一样，设计师也可能对某个特定的技术产生强烈的依赖性。

- **项目管理：** 有些项目参与者（甚至包括设计师）对某些项目管理的手段异常迷恋，比如如何筹划、组织和管理，他们都有一套爱不释手的理论。

## 极端表现

- **教条主义：** 在这一个极端，设计师总会对某个特定的理论钟爱有加，一旦给他们抓住机会，他们就忍不住要教育别人所谓正确的做事方式。

- **离经叛道：** 在另一个极端，设计师对待任何方法、工具、技术以及其他与设计进程相关的理论都不屑一顾。看这些人做事您寻不着一点章法。

个性特质

# 10.3.8　掌握反馈的能力

**"您尽可能多问问题，对我来说这就是最大的帮助了。"**

提供有效的反馈信息也许是设计中最核心的软技能了。优秀的设计师不仅能够找到表扬与批评之间的平衡点，提出有意义的、实际的和可操作性强的建议，还懂得带动身边的人们效仿。

然而，并不是每个同事都善于同反馈打交道。身为设计师，您不仅要善于提出意见，还要善于征求意见。如何获取富有成效的意见呢？

- **提出问题诱导人们做出有益的回应**。设计师需要的不应只是"是"或者"否"这样简单的反馈，他们需要更多细节以便改进他们的设计。

- **关于他们的创意，要界定一个明确的主题或者方面**，有侧重地征求意见。

- **提供足够详细的背景信息**，以便于参与者了解相关内容或设计决策的过程。

一方面，设计师必须促使他人在反馈信息中尽可能多地包含有价值的内容。另一方面，他们必须找到最合适的方法，最大限度地调动他人提供反馈的积极性。

## 评价反馈的标准

如何评价反馈的质量呢？这里有几个比较公认的标准。

- **是否结构化**：反馈意见是遵循一定的条理呢，还是想到哪说到哪？

- **是否细节化**：反馈意见是一个大致的观点（"我不太喜欢您的版面设计"）呢，还是针对具体细节（"页面中的这个部分留白有些多"）？

- **是否概念化**：反馈意见是针对概念层面呢，还是操作层面？

- **是否具体化**：反馈是要告诉您该怎么做呢，还是提出一个问题要我注意？

# 10.3.9　如何对待认可

**"我发现大伙儿似乎信不过我的所作所为。"**

有一种观点认为，创意工作一定要获得相应的认可。尽管设计师会获得酬劳，但是真正激励他们努力的是成就感。一个项目可能涉及很多设计师，每个人都希望自己的价值得到他人的认可。不管是工业、建筑、互联网，还是别的什么行业，设计师的自豪感是这样体现的——指着它说："看，这是我做的。"

不同于其他特质，认可只有两面，如果一个人告诉您他对您是既认可又不认可，那其实还是不认可。有些设计师希望在所有方面都得到欣赏，而有的则得意于某个方面的一技之长。我很少遇见哪个设计师甘愿做一个隐形人，要么他已经超脱了，要么就是沉浸在自我满足中无法自拔。即便如此，那也有人认可他的贡献，那个人就是他自己。设计工作的本质告诉我们，设计师还是离不开别人的认可，因此，认可是有益的。

我把给予认可和获得认可融为一类，不是因为它们之间息息相关，而是因为它们的过程非常类似。经验表明，您要获得别人的认可，您就必须懂得认可别人，这两者同等重要。

## 极端表现

前面已经提到了，这个特质只有两面：一个设计师要么善于认可，要么就不善于。一般来讲，优秀的设计师对他人的贡献，会毫无掩饰地公开表达他的赞许。

# 10.3.10　看待问题是否偏激

**"简直太赞了！简直太赞了！简直太赞了！重要的事情说三遍！"**

用二元论的观点来看待世界难免有失偏颇，但是经验表明人们评价别人的工作时往往会陷入这样的怪圈，要么是大加赞扬，要么就是一贬到底。前者动不动就热情洋溢地对别人的工作、努力或敬业精神大唱赞歌。也许他们会提出一些建设性的建议，但那也是在高潮散去之后的事情了。

这让我想起一个例子，积极的人看待装了一半水的杯子时，会认为至少杯子里还有水，而消极的人看到的则是空着的部分。有些人正属于后者，对于别人的工作，他们看到的总是不足的部分。他们就像一个打假斗士，咄咄逼人，动辄就给予全盘否定，然后叫您推倒重来。有时候，至少是表面上来看，他们也会改变主意，但那只是"不反对"而已。

这一类人通常都比较容易冲动，他们似乎无法克服这一点。每每遇到一个需要评价的事物，他们内心那种感性的冲动最终总会战胜理性的客观与务实，而后者才是正确的。

### 极端表现

- **好好先生：** 这样的人不管对谁的工作都会不假思索地献上赞许。

- **批评家：** 这一类人的目光始终聚焦在问题和漏洞上，一旦抓住把柄，就别指望他们会有好脸色。

# 10.3.11  倾向于抽象还是保守

**"我喜欢在基本的层面上遵循概念的设定。"**

评价设计工作有这样一个方法，那就是看它对于一系列概念的关注度是否随着设计进程而不断增大。有些设计师的最终成品能够非常清晰地把最初的模糊概念明朗化。而有些设计师的最终成品则体现出天马行空的想象和非常抽象的概念。这一类人的工作一直与抽象为伴，他们的设计很难理解。而处在另一个极端的人们，他们的工作一直与实际的设计决策为伴，尽管由于务实的工作使得他们的想法能够清晰地表述出来，但是总显得灵性不足。

每个设计师都有一个心理舒适区。有些人更青睐于抽象设计，仅仅是在最基础的结构或框架上体现概念。他们也知道这些抽象的东西最终多少会对产品造成一些理解上的困扰，但是他们就是喜欢玩概念。其他人则觉得保守的做法更让人感到踏实。尽管看起来，这个问题的实质就是在何种层面上把握概念——如果仅仅是在设计整体上把握基本概念，那么它就趋向于抽象设计，反之，如果所有细节都遵循概念的设定，那么它就是保守设计。实际上，这么看是不对的。抽象设计也有细节，只不过在细节层面对于概念的遵循不是那么直接罢了。换句话说，这是一个如何在概念设定的范围内使用素材的问题，设计师在设计中更喜欢直接引用基本的元素呢？还是喜欢把诸多元素融合成一个构件来反映概念的实质呢？如果您属于后者，那么您就更倾向于抽象设计。

设计师的工作或多或少都具有一些抽象性。极少有设计师能够依靠基本元素和经典的组合方式创新出新产品，因为已经有人这么做了。优秀的设计师能够合理地运用抽象思维，他们的设计看起来既新颖又熟悉。

## 极端表现

- **抽象派大师**：在一个极端，设计师们更加善于思考项目的基本概念。他们喜欢把项目需求进行整合，而后将结构和概念"优雅地"运用到其中，最后搞出一个似是而非的东西。在他们看来，产品"看起来是什么但又偏偏让您想不到它是什么"。

- **写实主义者**：在另一个极端，设计师更喜欢处理产品本身更实际的一面。他们的每一个设计决策都紧扣概念设定的主题，即使最后的产品"简单粗暴"，他们也不介意。在他们看来，产品"该是什么就是什么"。

# 10.3.12　掌握控制力的欲望

**"如果这个游戏我说了不算，那我就不玩了。"**

设计师与控制欲有着千丝万缕的联系。笼统地来看，他们在针对核心问题制定设计决策的时候想要掌握绝对的话语权。他们尽力摆脱任何羁绊，也绝不能容忍任何非设计人员对他们的工作指手画脚。但是，他们也得意识到，产品最终不是由他们说了算，他们需要顺应各种需求，也必须落实项目所明确的参数。

这一特质反映的是设计师对于控制到底有多认真，他们是一味顺从呢？还是会寻求突破？毫无疑问，对设计的掌控必须要和项目本身结合起来。设计师的控制力最终取决于项目中的具体情况和其他参与者的影响。

实际工作中，我们发现这种控制力几乎是无形的。通常情况下，实践证明了控制欲的强弱取决于设计师对控制的理解和认知。最终，他们必须搞明白自己可以在项目中的哪些部分施加影响力，又有哪些部分不可抗拒地超出了他们的控制。然而通常情况下，设计师在进入项目时都会对他们的影响力和控制力有一个先入为主的认识。

### 极端表现

■ **任人摆布**：无论在什么情况下，设计师都偏激地认为他们永远都不可能有发言权。对他们来说，掌握控制力永远是一个可望而不可及的远景。

■ **只手遮天**：这种人自以为离了他们地球就不转了，在任何决策上，他们都会表现出强势。

個性特質

# 10.3.13  对于环境的要求

**"只要给我一张椅子和一副耳机，我就能设计任何东西。"**

不同的设计师对工作环境有着不同的要求。有些人喜欢安静地独处，有些人则喜欢热闹的氛围。对有的人来说，即使不是在项目前提下，与他人的频繁互动对于他们的心理健康来说都是必要的。而另一些人则喜欢让互动出现在有组织或可预见的范畴里。

现如今的实际情况是这样的：即使在一个项目（活动、任务）范围内，设计师都得奔走于各种不同的环境中。刚完成一次讨论，他们又可能去出席更多的会面，而地点可能是在办公室，也可能是在咖啡店，甚至可能是一个大型研讨会。而这一切可能仅仅是为了完成一份可用性测试。

## 描述环境的尺度

为了更好地说明这个特质，我决定不用极端表现来对工作环境进行描述，而是列出一系列描述环境的尺度，您也可以把它们看成是一类变量。

- **嘈杂程度：**工作环境有多吵？您那里是办公室还是菜市场？

- **忙碌程度：**摆在桌面上的办公量到底有多少？您是不是得仰起脖子才能从堆积如山的文件中冒出头来？

- **封闭程度：**您们的个人隐私是否能得到保障？您是不是都是躲在厕所里接听私人电话的？

- **拥挤程度：**您们是不是很容易拥挤在一起？您们的办公空间是不是连个落脚的地方都没有？

- **多样程度：**您们是不是能够轻易地改变周边的环境？您们的桌子不是钉在地板上的吧？

- **配套的完备程度：**您们有没有娱乐、放松或补充精力的场所？别告诉我您的公司只会提供红牛。

- **彼此的熟知程度：**大家能否轻松地认出每一个人？有没有人正在被人遗忘的角落里醉生梦死？

# 10.3.14　倾向于何种视角

**"我是一个只关注细节的人。"**

不同于抽象思维，视角指的不是人们构建产品要素的思维取向，而是指他们看待项目的方式。所谓"看待项目的方式"，指的就是设计师们在一开始为了克服自身的疑虑而从一些基本原理中寻求依据的能力。项目开始之初，当设计师开始思考有关问题的时候，这种对视角的偏爱体现得最淋漓尽致。

于我个人而言，我的思维出发点是业务背景。谁和谁直接对话？谁会从产品和流程中发掘出价值？赋予这种产品或流程挑战性的是哪个细节？只要解决了这些基本问题，我就有足够的信心继续走下去。

对于有的设计师而言，他们习惯从大量细节中总结观点。在软件设计领域，这意味着一套完整的需求。在网页设计领域，这意味着网页中该有的所有内容。他们总喜欢从完善的细节中寻求安慰（相比而言，我认为这些细节尽管有用，但是要把它们之间纷繁复杂的关系厘清，似乎是一件更难完成的任务）。

## 描述视角的特征

视角无法在一个单一的范围内定性，但是有一些不同的方式可以对它的特征进行描述。

- **项目规划：**对有些设计师来说，它们理解项目的出发点是预算、时间表，以及资源。

- **设计进程：**有些设计师喜欢从设计的某个具体环节入手，例如调研阶段、制作环节，或者是模拟阶段。

- **业务问题：**有些设计师会从业务角度开始思考，他首先想到的是产品的市场表现如何。

- **底层架构：**对有些设计师而言，在创作开始前，他们必须先摸透构成产品的那些最基本也是最抽象的概念。

- **产品要素：**有些设计师必须见到完整的需求详单，否则他们的心会一直悬着。

# 10.3.15 应对多个项目的能力

**"只要同时应付超过四个项目，我一定会陷入混乱状态。"**

由于一些特殊情况，设计师有时不得不面对多个项目。即使是在同一个机构内部，或是面对同一个客户，都可能出现多个不同的任务分支。这多见于规模较大，涉及面较广，以及进程较长的项目。设计师会在不同的项目中扮演不同的角色，承担不同的责任。他们可能会同时效力于不同的团队，也会面对不同的人。或者，他们面对的是同一拨人，但是团队整体处在不同的项目中，每个人在不同的项目上表现都会有所不同。即使是区区两个项目，需要考虑的问题都会非常多。

每个设计师都有应对项目的个数上限。设计师对自己这方面的情况了解得越清楚，对他们自己越有好处。我对我自己的认识是，一旦项目超过 3 个，我的效率就会降低，最理想的情况是一个大项目和两个中等规模的项目同时进行。

## 极端表现

■ **一心不能二用**：这种设计师同一时间内只能专注于一个项目，就像是专用的。

■ **多多益善**：相反，这类设计师很难集中精力做一件事，多任务时他们才能够发挥出正常水平。

## 10.3.16　如何参与设计校审

**"您可以随时打断我的发言。只要您能提出观点和建议我都欢迎。"**

对设计团队而言，设计校审是一个非常重要的项目管理手段，投资方或其他成员会带给设计师客观的参考依据。设计校审一般会贯穿设计进程始终。它们可以是正式的，也可以非正式。可以是随机的也可以是有计划的。设计校审会涉及一些新的视角，它们允许团队依照一些来自于项目以外的标准对项目质量进行衡量。

某种意义上来说，设计校审就是一个设计工具。在如何选用的问题上，设计师应该具备一定的立场。有的设计师更喜欢随机的对话方式，有的设计师则只愿意在特定的场合听取意见。

了解自己的偏好。这有助于设计师更加自信地参与到对话之中，也有助于他们得到所需的反馈。

### 衡量的尺度

衡量设计校审的尺度有如下这些。

- **正式程度：** 同正式活动相对的是随机性的行为。

- **互动程度：** 同随意交流相对的是单方陈述与严肃的问答。

- **参与程度：** 同七嘴八舌的氛围相对的是一对一的交流。

- **频繁程度：** 同频繁开展类似活动相对的是较长时间组织一次。

# 10.3.17 开放性

**"我不喜欢把什么事都拿出来任人评说。"**

开放而真诚的态度是一种良好的协作品质（见第 8 章）。然而，不少设计师很难真诚地面对自己的同事，对待别人的评价也无法敞开心胸。

设计师应该对自己的气度有一个清醒的认识：对待同事有多真诚？对待别人的建议、评论甚至是批评，自己的心胸有多开阔？

## 极端表现

■ **来者不拒：**有些设计师没有一点坚守，什么意见他都会采纳，结果不是"众人拾柴火焰高"，而是"墙倒众人推"。

■ **固步自封：**有些设计师容不得别人对自己提出任何异议，结果是紧绷的警惕神经让他的内心始终无法平静下来。

第11章

处置模式：
如何找到解决方案

一种处置模式代表一种行为，是处理复杂情况的方式。具体来说，这些模式表示为以下几点。

■ 对待情况的态度（如"化挫折为动力"）。

■ 看待问题的方式（如"考虑微观 / 宏观两个层面"）。

■ 制定沟通的方式（如"归咎于替罪羊"）。

■ 辅助对话的手段（如"图画式的说明"）。

处置模式不是简单的基本行为，它们具备较高的意识起点。没有哪本书能够给出足以解决所有现实情境的完美方案。

在第 6 章，我针对冲突的外部诱因，将处置模式分为 4 类。

■ **产生共鸣：** 构建人与人之间的相互理解。

■ **鼓励参与：** 吸引人们更直接地参与到项目中。

■ **重新定向：** 引导人们去关注正确的事物。

■ **重新梳理：** 换一个说法对情境做出新的解释。

同样，这里我们要回顾一下应用这些处置模式要遵循的原则。

■ **尺有所短：** 对于一类特定的情境和问题，没有绝对适用于任何程度的唯一答案。也就是说，也许在某个特定程度的情境之下，某种模式是有效的，但在下一次遇到与之性质类似，但表现和程度不同的情境时，这种模式未必有用。

■ **各有千秋：** 由于不存在绝对正确的答案，所以针对同一的特定情境，任何一种模式都有独特的实现路径。

■ **知易行难：** 并不是所有模式都能用于解决问题。有些模式只能用于理性分析，若要用于实践会带来不可预知的结果。

■ **异曲同工：** 有时候多种处置模式应用于同一情境时产生的结果是一样的，甚至实现的路径都是差不多的，但是它们毕竟是不同的模式，不能否定处置模式的多样性。相反，这恰恰说明，其中一定有一种模式是更合适的。

■ **另辟蹊径：** 有时候设计师们发现某些处置模式和他们自己的心理特点更

加契合，用起来更加舒服，于是便把它们列为惯用模式频繁运用。然而有时候，解决问题最好的办法是尝试新东西，没准效果会让人喜出望外。

本章对每一个处置模式的描述都包括以下这些内容。

- **一个事例**：跟上一章一样，用一句有代表性的话往往能够表现出人们运用该模式的方式。

- **一段描述**：简短地解释如何运用这种模式。

- **所属类型**：该模式属于上面提到的那四类中的哪一类。有些模式可能同属多个类型。

- **运用时机**：告诉您该模式适用于哪种情境。

最后补充一点：有些话题贯穿本书始终，它们涉及的处置模式有很多，而且彼此都很相似。从技术上来说，处理冲突的方式包括重述别人的发言内容，把大问题分解为可操作的分块，赋予某人权力，简化交流形式，等等。这些话题一次又一次地出现在书中，而且我在这章还要提到，似乎显得很啰唆。然而，本章中的每个处置模式会从新的视角来分析并描述这些话题，有些模式会以不同的方式将它们有机地融合起来。

## 如何运用这些模式

运用这些模式没有一个通用的正确方法。有一个简单的办法，那就是查阅这些模式，看看哪个能成为可能的解决方案。

另一种办法就是，先确定若干不同的解决方法，而后在思维层面进行推演，而后再找出合适的方案。

这些模式有助于设计师了解自己的倾向和行为。翻阅这些模式，对照自己，您能感觉出哪些比较易于接受，哪些和自己的个性特质不相符。您可以思考前者有什么共同点，与后者相比又有哪些不同。从这种自我反思中得到的话题，将揭示出关于您的视角或态度的核心要素，而这些要素直指心态的本质。

最后，我建议您在下次面对冲突的时候尝试运用一个新的处置模式，并将它归为己有。您要懂得把每一个冲突都当成锻炼心态的契机。

## 处置模式

- 认可别人的成就
- 超前预见
- 讲清来龙去脉
- 寻求帮助
- 征求第一步的做法
- 提问
- 坚持现有流程
- 找客观理由
- 讲事实、摆依据
- 吸取教训
- 变换沟通渠道
- 换个比喻
- 站在高手的角度看问题
- 暂时搁置
- 讲清影响
- 考虑微观 / 宏观两个层面
- 考虑自己 / 他人的工作
- 化挫折为动力
- 表述形象化
- 列举观点
- 框定对话主题
- 回到基本面
- 互帮互助

- 寻求改进
- 询问重点
- 举办研讨会
- 列出假设
- 制定计划（组织细节）
- 做出假设
- 顺理推演
- 提供替代方案
- 提供一个先行版
- 挑定一件事
- 选定您的战场
- 确定意义所在
- 提供起点
- 重述之前的对话
- 适当减负
- 反映定位
- 寻求小的胜利
- 设定合理预期
- 展示目标
- 展示您的工作
- 小步慢走
- 承担责任
- 运用项目思维

# 认可别人的成就

**"哇，您们做得非常好，我能看见您们的努力没有白费。能否完整地向我说明一下？我想了解所有的细节。"**

别人所做的工作，付出的努力或贡献的创意，千万别轻易地予以否定。您可以拿这些作为出发点，进一步获取更多细节。要让对方处在一个更有发言权的地位。

| | |
|---|---|
| 类型 | 鼓励参与。 |
| 运用时机 | 如果对方做了一些工作，也有一些成绩，如果您还想提出一些建议，不妨先肯定对方的成就，这样能够拉近彼此的距离。 |

# 超前预见

**"接下来要说的这些事情对您来说尤其重要，我们这就开始着手解决它们。"**

在与团队成员或投资方代表展开讨论之前，预想一下什么事情对他们来说更加重要。

| | |
|---|---|
| 类型 | 产生共鸣。 |
| 运用时机 | 如果您预见到对方对您的态度并不友好，甚至是竞争对手的时候，您应该向他们证明您手上有他们最感兴趣的东西。 |

# 讲清来龙去脉

**"我想我已经知道您要说什么了，但是您能否帮我们描绘一下产品的目标受众会如何使用该产品呢？"**

请求对方用一个故事的方式来表述他的创意、想法以及需求。

| | |
|---|---|
| 类型 | 重新梳理。 |
| 运用时机 | 有些人在表述问题时过于抽象，这时候您该引导他换一个表述方式，使它更具体。 |

## 寻求帮助

**"我已经在这个设计问题上浪费了太多时间，我在想您是否能帮助我找到正确的出路？"**

直截了当地请求别人帮助您完成任务。

| | |
|---|---|
| 类型 | 鼓励参与。 |
| 运用时机 | 当您需要帮助时，请运用此模式。大多数时候，困扰您的不是设计问题，而是您担心自己的价值得不到体现。这时候，您需要请人来参与到您的任务里，借助帮手来实现您的目的。 |

## 征求第一步的做法

**"您的任务是制定一个管理方案。老实说，我并不清楚您打算怎么实现它，您能告诉我您第一步打算做什么吗？"**

询问某人的第一步动作试图达到一个怎样的目标。

| | |
|---|---|
| 类型 | 重新梳理。 |
| 运用时机 | 如果某人在描述一个完成某项任务的过程，而这个过程又过于复杂，您可以让他先把注意力集中在一个小的环节上，这样便于对后面内容的理解。 |

## 提问

**"好吧，您已经有了一个好的开始。请允许我问您几个问题，免得后面再产生疑惑。"**

与其匆忙地跳到结论，不如多问几个问题，从而确保您和其他听众都能跟上发言者的思路。

| | |
|---|---|
| 类型 | 重新梳理、鼓励参与。 |
| 运用时机 | 对于设计师而言，不管何时何地，没有哪个技能比善于提问更加重要。当然，聆听答案的时候除外。 |

# 坚持现有流程

**"在真正搞清楚需求、限制条件以及其他一些项目参数之前，我们的设计不可能更进一步。我知道您迫不及待地想要开始，但是在我们开始解决设计问题之前，应该先把问题吃透。"**

尽可能多地提供设计活动、阶段成果和项目目标的细节，以提醒参与者遵循基本的设计规律和工作流程。

| | |
|---|---|
| 类型 | 重新定向。 |
| 运用时机 | 有些人引入到项目中的因素可能威胁甚至破坏项目的进程，例如那种随机提出的需求。 |

# 找客观理由

**"我也知道我们所面临的约束条件是什么，可是项目经理逼得很紧，我们得给他一些好消息。我们不妨一起来看看在第一个阶段结束时，我们能拿出什么，拿不出什么，这样起码可以做出一个明确的预期。"**

**"在我想您做出任何保证之前，我都必须先问过我的搭档。"**

把责任推到某个团队成员（他一定不能在场）身上，通过这种办法，人们更倾向于达成妥协，或者会原谅您的过错。

| | |
|---|---|
| 类型 | 重新梳理。 |
| 运用时机 | 当您面临着一个不合理的条件约束，或一个尴尬的问题，而您无法马上做出回答的时候。 |

# 讲事实、摆依据

**"我知道投资方希望设计工作在本周前结束，他们从上周一开始就已经对外声称这一点了，但是我们却没有接到他们的通知。直到现在我们还没有看到他们提供的反馈意见。"**

把不可避免的结果作为一个挑战摆在大家面前，让每个人都紧张起来，让他们意识到自己的要求会带来怎样的影响。

| 类型 | 重新梳理。 |
| --- | --- |
| 运用时机 | 当设计团队还没有做出有意义的结果时，如果有不合理的要求向团队施压，您可以摆出客观实际作为辩解的理由。 |

## 吸取教训

**"上次我们遇到类似的项目时，出现了一些问题。在进一步深入这个项目之前，我们应该把之前遇到过的所有问题都列出来，以示警告。"**

把过去遇到过的问题、障碍和困难列出来，防止再次犯同样的错误。

| 类型 | 鼓励参与、重新定向。 |
| --- | --- |
| 运用时机 | 如果团队没有反思过自己在从前的工作中遇到的问题，也没有总结过教训。 |

## 变换沟通渠道

**"恕我冒昧打给您，我觉得可能电子邮件系统出了些问题。"**

另寻一个沟通的手段。也许是从电子邮件转换到语音模式，或是从面谈换成邮件交流，或是从即时消息变成视频聊天。有时候，这意味着把对话放在一个公开场合里。

| 类型 | 重新梳理。 |
| --- | --- |
| 运用时机 | 如果通信手段限制了参与者表达能力的正常发挥，那么不妨换个渠道。 |

# 换个比喻

**"当前，我们把这些设计活动看成了一系列平行的轨道，但是我认为，设计活动应该比喻成一系列里程碑。每到达一个里程碑，我们都需要形成一次共识。"**

使用不同的概念探讨或解释一个复杂的想法。

| | |
|---|---|
| 类型 | 重新梳理。 |
| 运用时机 | 参与者对某个比喻的兴趣超过了设计问题本身的时候，或者是人们需要对旧问题做出新的解释时。 |

# 站在高手的角度看问题

**"同等情况下，如果我是小明会怎么做？"**

当您所处的状况恰巧是您最不擅长对付的局面时，不妨想想这方面的高人，当他们遇到这个情况的时候会怎么做。

| | |
|---|---|
| 类型 | 重新定向。 |
| 运用时机 | 当您面对的情况让您格外焦虑或沮丧时。有时候，换位思考不仅能够让您借鉴他们的能力，还能借鉴到他们的优点。 |

# 暂时搁置

**"我们已经在这个问题上兜了好多圈。现在让我们休息一下吧，大家不妨再复习一下资料，周三再开会，到时我们要做出一个正确的决定，现在做决定还有些草率。"**

推迟采取行动，直到参与者能够细致周到地审时度势为止。

| | |
|---|---|
| 类型 | 产生共鸣、重新定向。 |
| 运用时机 | 此时的情况已经超出实际控制的范围，此时任何参与者都无法做出合理而又合适的贡献。 |

## 讲清影响

**"如果下周之前我们还得不到反馈，那我们必须调整交付期限。迟迟见不到反馈，我担心将来会出现那种突然提出的随机要求。"**

尽可能用最简练的话讲清楚决策的后续影响。

| | |
|---|---|
| 类型 | 重新定向。 |
| 运用时机 | 参与者们做出决策的时候没有意识到将来对项目进程或成果所产生的消极影响。 |

## 考虑微观 / 宏观两个层面

**"一方面，如果您的任务没有完成，您会给其他同事增加工作负担。另一方面，仅从客户的角度来看，您会降低我们的信誉度。"**

**"好了，大道理就讲到这里。现在我们来看看一个重大决策是如何影响到我们的日常工作的。"**

从两个视角来看待问题——广义到狭义，高层到底层。换一个视角有助于发现新问题，也有助于找到新的解决方案。

| | |
|---|---|
| 类型 | 重新定向。 |
| 运用时机 | 参与者过于依赖从单个视角来看问题，从而忽略了另一个层面或范围的问题。 |

## 考虑自己 / 他人的工作

**"他们的工作就是确保我们的想法能够在他们现有的工作体系内实现，而您的工作就是了解他们的局限并制定详细的解决方案。"**

您要让您的同事们意识到，投资方或其他成员只是在做他们分内的事罢了，这相当于鼓励他们正确看待批评。

处置模式

| 类型 | 重新梳理。 |
|---|---|
| 运用时机 | 参与者在听到关于别人的一点风吹草动就容易对号入座，反应过激，从而使冲突进一步升级。 |

# 化挫折为动力

"从反馈的情况来看，您所做的工作没有什么效果。我们应该把优先解决的问题列出来。随后我们得对通信手段方面的故障做一个仔细的分析。眼下我们的注意力应该放在如何做才能回到正轨上来。"

在哪里跌倒就在哪里爬起来，把挫折作为后续工作的起点。

| 类型 | 重新定向。 |
|---|---|
| 运用时机 | 有些人在面对失败时表现得异常悲观，他们总是走向负面的极端，认为事情已经坏到无力回天的地步。 |

# 表述形象化

"我实在是搞不懂您的意思。不介意我把我的理解画出来吧？如果有出入您要及时提醒我。"

利用视觉辅助、快速表现、白板、图表等能够把想法形象化的手段来表述意思。鼓励参与者把想法画出来，或者是对别人的图画进行完善。

| 类型 | 重新梳理。 |
|---|---|
| 运用时机 | 如果参与者彼此都无法理解对方所叙述的意思。 |

# 列举观点

"要处理的事务很多，我必须确保万无一失，因此，我想把所有听到的东西都列到一张表里。"

当人们谈论或评价一些事情的时候，把主要的问题或内容列出来。

| | |
|---|---|
| 类型 | 重新定向。 |
| 运用时机 | 如果一个讨论涉及比较复杂的多个方面，看起来局面杂乱不堪，那就要把不同的观点归纳起来以突出重点。 |

# 框定对话主题

**"要讨论的事务太多了。总的来看涉及两个大的方面：一是工程组给出的反馈意见，一是为下一步的设计规范准备依据。本次会议的目的是处理前者，并将获得的信息作为后者的依据。在得出明确的结论之前，我们要避免走进死胡同。"**

理清对话的条理，把主题和目标明确下来。把这个范围以外的事项撇开，确保大家集中精力处理相关的事宜。

| | |
|---|---|
| 类型 | 鼓励参与、重新定向。 |
| 运用时机 | 如果讨论由个别注意力不太集中的人主导，那么其他人也很难集中注意力。 |

# 回到基本面

**"由于包含太多可变的因素，我担心我们会偏离设计方向。请大家时刻关注局域网内共享的那份待办事项列表，它是我们此次任务的基本遵循。"**

利用一些实践证明有效的项目管理工具或手段来把控团队的任务走向，防止设计偏离轨道。

| | |
|---|---|
| 类型 | 重新定向、鼓励参与。 |
| 运用时机 | 如果项目团队出现超出控制的迹象，那是因为他们草率地认为自己仍然在正确的轨道上。 |

# 互帮互助

**"我知道您的工作对设计项目的重要性。我衷心地希望您取得成功。为此，我会尽力帮助您。有什么需要尽管说。"**

把团队的工作和角色同他人的目标联系起来。让人们意识到团队目标和个人目标的一致性。

| | |
|---|---|
| 类型 | 产生共鸣。 |
| 运用时机 | 投资方或某个同事认为自己同团队中的其他人分别处于对立或相互竞争的地位。 |

# 寻求改进

**"我是第一个着手做这个项目的，我感觉它和项目课题吻合得并不好。您能帮我改进一下吗？我要怎么做才能确保它满足项目目标的要求？"**

完成一个雏形，寻求更多的意见和帮助，如果您认为某个同事有能力帮助您改进设计，那么不妨把他看成这方面的专家，虚心求教。

| | |
|---|---|
| 类型 | 鼓励参与。 |
| 运用时机 | 参与者不愿或者不能提供建设性的意见。 |

# 询问重点

**"您已经给了我很多值得思考的东西。我们能否在这个列表中确定出一个重点？如果所有东西都很重要，那是否还有遗漏？所以我们还是先确定一个优先顺序吧。"**

请求参与者帮助您确定关于问题、需求、反馈或其他一些推动后续事项的重点，分出轻重缓急来。

| 类型 | 重新定向。 |
|------|------|
| 运用时机 | 由于项目条件的限制，团队对于计划的执行力和完成任务的能力是有限的，而他们面对的问题可能超出能力限度，因此有必要对事务分出轻重缓急。 |

## 举办研讨会

**"由于在设计反馈上，团队一直在原地踏步，于是我们决定组织一些活动，帮助我们解决一些关键的问题。"**

就像举办研讨会一样组织会议，将成果展示同集体性的活动结合起来。通过提升活动的吸引力，鼓励更多相关人员参与。

| 类型 | 鼓励参与。 |
|------|------|
| 运用时机 | 团队成员不能自发地形成有效的协作关系，需要有组织的活动来调动大家的协作积极性。 |

## 列出假设

**"为了工作更有实效，我必须做出一些假设。请允许我把它们列在这里，这样您就知道我做出决策的理由是什么了。"**

从推动项目进展的角度出发，把一些理由充分的假设列出来。假设可以涉及各个方面：产品、性能、计划或目标。

| 类型 | 重新梳理。 |
|------|------|
| 运用时机 | 团队决策的很多依据都基于一些当前还不明朗的信息。团队在进行一次讨论时，参与者可能对基本的假设有不同的理解和期望。把假设梳理并陈列出来，作为评价决策和验证推理的依据。 |

# 制定计划（组织细节）

**"基于所有这些反馈，我们有必要重新划分任务阶段。为了确保行动和目标的一致性，我们要不要先把接下来几周的工作好好筹划一下？**

确定一个目标，制定实现目标的一系列活动，并区分实现目标的各个阶段步骤。如果有多个目标，那就先决定优先顺序。

| | |
|---|---|
| 类型 | 重新梳理。 |
| 运用时机 | 面对繁重的工作任务，对下一个步骤产生疑惑的时候。 |

# 做出假设

**"我缺少大量关于目标受众的数据。基于我对产品的一些假设，只能对他们做一个粗略的概括。"**

不要让未知的信息妨碍项目目标的实现。对缺失的信息做出有根据的推测。确保将这些假设共享给整个团队，从而为设计决策提供依据。

| | |
|---|---|
| 类型 | 重新定向。 |
| 运用时机 | 您准备开始设计时，对一些问题的理解上却还存在差距。 |

# 顺理推演

**"唯一能让我们看懂这些创意的办法就是把它做出来。现在开始，我们利用一点时间来草绘概念图，看看这些把附加需求添加到屏幕上之后是个什么样子。"**

采取一些实质性的步骤来表现抽象的概念，让人们能够面对更具体的事物去研究问题。

| | |
|---|---|
| 类型 | 重新定向。 |
| 运用时机 | 参与者提出了一些点子和意见，但是没有考虑到在现实中对它们进行讨论的可行性。 |

## 提供替代方案

**"我认为我能理解您的需求，但是考虑到约束条件的限制，我必须给您讲清楚 3 种不同的实现途径。"**

准备好两到三个点子、概念、解决方案或途径。这样参与者更容易进行比对。

类型　　　　　　　　鼓励参与。

运用时机　　　　　　当我们面对一些模棱两可的问题时，由于没有明确的标准来评估某个具体的解决方案，我们就该提供一些备选方案来让参与者进行比较和取舍，而不是纠结于某个方案是否"正确"。有时候在洽谈业务，推销新的项目时，我会使用这种模式来帮助人们从不同的角度去理解它。

## 提供一个先行版

**"明天我们会把这 3 个概念全都详细地演示一遍。在此之前，我可以先给您展示一些提示性的信息。"**

简明扼要地展示或描述一些即将开始的工作，对人们即将看到的东西以及参与者们可能会点评的方面做出估计。这种做法有助于让人在参与工作之前先树立起主人翁意识。

类型　　　　　　　　鼓励参与。

运用时机　　　　　　有时候，所提出的一些观点和办法可能会和人们先入为主的想法相矛盾，这种做法目的正在于引导关键角色的认知态度，摆正他们的心态。

## 挑定一件事

**"您已经就这个工作提出了很多批评，大家的意见都很重要。现在让我们把注意力集中在您所说的第一件事上，您说您担心的是那些功能的优先级。那么我们能否可以把每个功能都看一遍，从而找出优先顺序呢？"**

在诸多事项中找出一个来重点关注。

| | |
|---|---|
| **类型** | 重新定向。 |
| **运用时机** | 当团队成员们面对诸多问题而手足无措时，选择其中一个开始着手不失为明智的做法。 |

## 选定您的战场

**"我也认为客户的某些建议会影响到设计，但是我们将来肯定还会面对更大的问题。这一次我宁可避免得罪他们，这样起码在今后解决其他问题时我们能处于比较有利的位置。"**

如果有效冲突不可避免，那就选择它出现的时机和场合。

| | |
|---|---|
| **类型** | 产生共鸣。 |
| **运用时机** | 如果相比将来可能遇到的其他冲突而言，眼前的冲突对于最终的结果影响要小很多的话，那不妨做出一些让步，没必要在所有问题上都争个您死我活。 |

## 确定意义所在

**"我并不喜欢这个项目选定的设计方向。尽管这个项目本身对我来说意义不大，但这起码是一个锻炼的机会。"**

在一个项目中寻找和个人目标相契合的因素。比如"锻炼某方面的能力"或"更好地掌握解决冲突的方法"。

| | |
|---|---|
| **类型** | 重新定向。 |
| **运用时机** | 一个项目的筹划做出了过多的妥协，以至于参与者从中找不到任何个人意义和满足感。 |

处置模式

# 提供起点

"准备文稿时，要注意紧密地围绕功能方面来写。我已经给您提供了一个范例文本。"

用一个示例来告诉对方工作的标准是什么。所谓起点就是对结果的期望。

| | |
|---|---|
| 类型 | 产生共鸣。 |
| 运用时机 | 项目、任务或团队中来了一个新面孔，在给他委派任务时，要明确方向和人们对他的期望。 |

# 重述之前的对话

"在深入进行这个项目之前，先让我对上次讨论中涉及的关键点进行一个回顾。上次我们提到……"

总结先前的对话，等于为目前的对话提供基础。

| | |
|---|---|
| 类型 | 重新梳理。 |
| 运用时机 | 有些人一件事过去了就抛诸脑后，因此在讨论开始之前有必要让大家针对某些问题回到之前形成的共识上来。尤其是一些投资方代表经常会在会议中临时改变主意。 |

# 适当减负

"下次会议，我们得完成 A，B，C 这三个部分。明天的内部碰头会上，我们得敲定会议议程，实在不行，那就只关注 A 部分。"

"下次同客户会面之前，我有一个创意需要完善一下。如果会议能稍稍延期的话，那我就有更多时间来做这件事。您看议程能不能放到周三的碰头会上再研究？那时候针对 A 部分我就能准备好一些新的创意。"

把任务分解，以便于更好地掌控局面。

| | |
|---|---|
| 类型 | 重新定向。 |
| 运用时机 | 当我们处理一个方向模糊或者目标期望值较高的项目时，把大项任务分解成多个小块的内容，有助于人们把注意力集中在更容易掌控的设计课题上，相对而言，目标定得小一点，也更容易实现。 |

# 反映定位

**"我只想确定一下您说的是不是……"**

重述某人的主张是为了确保理解认识和思路与对方一致。当人们重复别人的语句时，表明他们在认真地听对方发言。

| | |
|---|---|
| 类型 | 产生共鸣。 |
| 运用时机 | 参与者重复某人的话语说明他某些方面可能没有搞清楚。如果意识到发言者可能因为听众的分神而产生不好的情绪时，也应该及时地重复发言内容，从而给发言人更大的信心。 |

# 寻求小的胜利

**"要实现这个项目，有很多不同的途径。让我们把注意力集中在其中一个上面，并做出点成绩。"**

**"我知道我们被这个设计中各个方面的关系搞得焦头烂额，但是我有一些主意能让我们把其中的一个方面单独拎出来处理。我们可以从这个方面入手。"**

不管多么小的胜利，都预示着成功，也都是构成成功的基础。

| | |
|---|---|
| 类型 | 重新定向。 |
| 运用时机 | 尽管团队热衷于迎接各种挑战，但是环境可能会异常复杂，进展也不会一帆风顺。取得一点小小的胜利，对于鼓舞士气来说不可或缺。 |

## 设定合理预期

"我知道您想让我在接下来一周左右的时间里完成很多事情。请允许我说明一下，哪些是我认为能够在那个时间内完成的，哪些是需要延后完成的，以及您给我的全部任务一共需要多少时间。"

交代清楚任务所需的时间。避免任务分配时随意设定截止时间。既要在赋予任务时坦诚地告知对方预计的时间范围，也要在接受任务时坦诚地告知对方所需的时间范围。项目团队通常不会不讲理。

| 类型 | 重新定向。 |
|---|---|
| 运用时机 | 面对一个预定了时间范围或截止日期的要求，并被要求做出守时约定的时候。 |

# 展示目标

"我们已经有一个非常详尽的项目计划了，但我对于每个人参与项目的目的更感兴趣。您能告诉我当项目结束时，您最希望得到什么吗？"

请求投资方尽可能生动形象地描述他们对项目或任务成果的期望。这并不是要他来帮您搞清楚最终设计是什么，而是要您搞清楚他们最终想要得到的是什么。

| 类型 | 产生共鸣、鼓励参与、重新定向。 |
|---|---|
| 运用时机 | 团队过于强调设计活动，而忽视了对于结果和目的的认识。 |

# 展示您的工作

"现在您看到的是最后的设计成果，现在让我给您展示一下我实现它的步骤。"

"要实现最终设计还有很长的路要走，但我想先向您说明我们目前的进度。如果您能够提供一些建议，那我将感激不尽。请注意，您现在看到的只是实现最终目标前的一个步骤。"

把过程中那些关键的决策表达出来。它们证明了设计师付出的努力，向对方提供了设计决策的依据和基础，并能够鼓励对方的参与热情。

| 类型 | 鼓励参与。 |
|---|---|
| 运用时机 | 向投资方提交创意时没有体现出日常的设计过程。 |

# 小步慢走

**"要引入一个完整的设计流程是难以想象的。为了不影响整个进程，我们可以在项目开始最初增加一个工作内容来征求各种需求。"**

通过向项目、文化或者组织引入一个小的变化来影响大的变化。

| 类型 | 重新定向。 |
|---|---|
| 运用时机 | 组织或团队的习惯根深蒂固，以至于新的思维方式或解决问题的手段对他们而言好似洪水猛兽。 |

# 承担责任

**"我无力完成所分配的任务。我本该在本周稍早的时候就告诫大家的。我知道我拖了团队的后腿，我该怎么做才能挽回局面？"**

面对犯下的错误，应该坦诚并直率。自觉地担负起收拾残局的责任。

| 类型 | 产生共鸣。 |
|---|---|
| 运用时机 | 面对那些会对他人产生影响甚至事关项目成败的错误时。 |

## 运用项目思维

**"在如何处理这些来自于测试环节的反馈信息一事上，我们无法达成一致性的意见。那么我们不妨做一个工作计划来帮助我们确定筛选条件和处理方案。"**

面对棘手的冲突时，像筹划一个项目一样，建立目标、行动、附属条件、角色以及其他一些结构性的要素来寻求解决方案。

| 类型 | 重新梳理。 |
| --- | --- |
| 运用时机 | 当您面对诸多不确定的因素所构成的复杂冲突时，为找到解决方案，就必须有计划地行动。 |

第12章

# 行为习惯：
# 协作品质的体现

**对**协作来说，与其说行为是出发点，还不如说它们是习惯。上一章介绍的处置模式就好比医生的处方，它们是指当事情出错的时候，利用一些其他的事情来弥补。另一方面，协作的行为在第 8 章被描述为良好协作品质的延伸，第 2 章则被描述为心态的延伸。具体来说，它们是需要耐心培养并融入到日常工作中的行为习惯。一旦团队成员养成这样的好习惯，那么团队将变得更加团结、更加高效，也能创造出更好的产品。

本章首先对这些行为进行介绍，同时会包括一个常见行为的列表。每一个具体的常见行为都包括一个介绍，一个采用该行为的简单指南，以及对其在协作中的重要作用所做的解释。

## 如何采用这些行为

与冲突的处置模式不同，行为可不是在您需要的时候能够马上拿出来的工具。相反，这些行为必须经过一个培养的过程。因此，它们属于长期投资项目。

对于有的人来说，某些行为会自发地产生，另一些人则认为这和自己的个性格格不入。对不同行为的喜欢（或厌恶）仅仅在一定程度上取决于心态。也就是说，改变行为习惯并不是只需要改变心态就可以了。这两者总是相辅相成。强制地采用一些行为——即使它会让您感到不适——或多或少会改变您的心态。同样，强迫您自己以不同的视角来看待自己所处的情境，您会发现自己对于某些行为的态度开始发生变化。

### 影响团队的变化

使一个团队或组织适应其行为的变化是极具挑战性的。人们对于沟通和协作的认识和期望是很难改变的，甚至它们已经成为了企业文化的一部分。对于那些既想改善协作又不愿意改变自己的人来说，从小事做起，在点滴中养成好的行为习惯是最佳途径。表 12.1 中的例子就是要告诉您，好的行为习惯是如何从小事开始的。

表 12.1 从小事做起改变行为习惯

| 行为习惯 | 现有文化 | 渴望的变化 | 微小的变化 |
|---|---|---|---|
| 集中决策 | 项目依赖集体表决来做出重要的决策。 | 在每个项目之初，团队选出一个代表，负责做出最终决定。 | 在一个新项目中某个特定方面，要求团队给出决策依据。并让这些目标和依据贯穿整个项目始终。 |
| 采用一些能带来有意义结果的工具 | 在每个项目上一遍又一遍的用相同的工具和技术，而不考虑其实用性。 | 项目领导根据以往的经验来决定每个项目使用的工具和技术。 | 对于一个特定的活动，要求它能够使用与现有实践不同的其他方式来实现相同的目标。 |
| 他们知道您在"旋转" | 团队领导者并不关心结果如何得到的。 | 团队成员能够感觉到，即使他们没有推动项目进展，仍有权向团队领导提交自己的方案。 | 每得到一个任务成果，就组织一次检查。 |

## 影响个人的变化

在工作场合，我曾做过一个实验，我用行为习惯的列表去反映同事的表现和喜好。我会要求他们熟悉这个列表，然后诚实地说出哪些习惯是他们的长处，哪些习惯是他们所不适应的。

举例来讲，如下这些行为习惯代表我的长处。

■ 提出要求明确答复的问题（我喜欢提问）。

■ 虚心接受批评（我乐于听取新观点）。

■ 开会简洁高效（我不喜欢拖沓的会议）。

当然，有些行为习惯也是我所不适应的。

■ 交流进度（我讨厌人们对我寄予过高的期望）。

■ 依据结果选用工具（我讨厌尝试新工具）。

■ 参与直接对话（我更倾向于一些非实时的交流方式，比如电子邮件）。

通过这样的过程，同事们能够辨别自己的优点和缺点，有助于他们对自己做出一个判断结论并下定决心去克服缺点。这样的结论应该是可操作而且可度量的。例如，如果我要养成"参与直接对话"的习惯，这就表明：

■ 我要允许自己不再死死抱着议事日程不放。

■ 对同事们的想法会打破砂锅问到底。

■ 接受更多非正式会面场合。

■ 每周至少和同事们私下找机会聊聊。

在工作场合，人们应该彼此做出保证并相互监督，订立一个简短的社会契约。您可以和那些值得信赖的人们做得一样出色。

# 行为习惯

■ 提出要求明确答复的问题　　■ 制订项目计划

■ 集中决策　　　　　　　　　■ 建立决策机制

■ 明确关于能力和绩效的期望　■ 明确每次讨论的主题

■ 交流进展情况　　　　　　　■ 保持会议的简洁高效

■ 不要霸占所有机会　　　　　■ 知道自己何时开始原地踏步

■ 虚心接受批评　　　　　　　■ 对问题直言不讳

■ 直面风险　　　　　　　　　■ 扬长避短

■ 依据结果选用工具　　　　　■ 提供决策的依据

■ 鼓励跟随性的沟通方式　　　■ 认可别人的贡献

■ 参与直接对话　　　　　　　■ 尽量避免竞争

■ 善于调动各种感观　　　　　■ 反思自己的表现

■ 建立角色定义　　　　　　　■ 尊重日程安排

■ 留给别人改正的空间　　　　■ 估计对方的动向

■ 制订一个沟通方案　　　　　■ 对表现作出估计

# 提出要求明确答复的问题

有条理地提出具体问题，促使对方给出更直接细致的回应。只要能确定一个具体的决策或方向，即使是"是 / 否"这样的问题也没什么不妥。

| | |
|---|---|
| 品质 | 清楚明了的定义。 |
| 做法 | 尽量避免问"您觉得怎么样？"这样笼统的问题。 |
| | 问题要指向设计或计划中具体的方面："我们根据用户调查整理出一些要点。其中按照主次确定了三个关键功能。您可以看看我们把它们分别放在界面中的什么位置，以及我们是怎么标记它们的。然后请谈谈您的看法。" |
| | 交流时要涵盖不同的决策："通过这种组织界面的方式，用户能够直接访问这三个关键功能，但是其他的功能就必须滚动页面才能看到。您认为有什么影响吗？" |
| 理由 | 但凡清晰必然要求具体。笼统的说法会误导对方，使得人们在一知半解的情形下做出错误的决定。 |

# 集中决策

项目中的决策最终还是由某一个人做出的。显然，项目中有很多不同类型的决策，每个决策（预算、创意和时间）可以由不同的人负责做出。

| | |
|---|---|
| 品质 | 具体明确的责任。 |
| 做法 | 项目之初，要明确谁具有设计方面的最终决策权。一旦定下来，就得由他来确定执行的方向和路径。 |
| 理由 | 所谓协作，每个人都应该为着一个共同目标，采取一致的行动。如果缺少一个核心的决策制定者，活动的执行就会变得混乱，团队也会打乱仗。 |

## 明确关于能力和绩效的期望

　　每一个机会，项目参与者都应该搞清楚他该交上什么样的答卷，以及交付的时间。如果他们受领的任务无法在规定的时间内完成，那么就必须说明一个备选的时间。

| | |
|---|---|
| 品质 | 具体明确的责任。 |
| 做法 | 接受一项任务之后，您必须确保您能够在规定的时间内完成规定的任务。 |
| | 寻求帮助也要在任务预定的时间内。 |
| 理由 | 成功的协作依赖于每个参与者做好自己分内的事。项目了解每个人的那部分工作是为了让他们能够彼此信赖并依靠对方。 |

## 交流进展情况

　　项目成员应该坦率地向别人展示自己的进度。

| | |
|---|---|
| 品质 | 具体明确的责任。 |
| 做法 | 建立一个周期性的沟通机制，用于交流项目的最新进展。 |
| | 利用一个简单的电子邮件模板或其他电子信息来交流进展情况。 |
| 理由 | 协作不仅仅是团队成员之间动作的协调，但是协调是一个必不可少的组成部分。协调的前提就是每个人都知道别人在任务分配中所处的位置。 |

## 不要霸占所有机会

　　要允许每个参与者都做出贡献，别把项目搞成体育竞赛。

| | |
|---|---|
| 品质 | 彼此尊重的氛围。 |
| 做法 | 在人多的场合发表任何观点之前，有必要用 15 分钟时间好好观察一下形势，而后为自己确定一个目标。 |
| | 要意识到，不假思索地答应任何事会损害您的信誉。 |
| | 时刻提醒自己，只有做好自己的工作才是证明自己最好的途径。 |
| 理由 | 协作需要更有价值的信息，例如基于各种不同视角所产生的观点。 |

# 虚心接受批评

与个人而言，接受批评不是一件困难的事情。除非您时刻保持戒备心，从而变得封闭保守。

| | |
|---|---|
| 品质 | 具体明确的责任。 |
| 做法 | 当您遇到来自他人的意见时，运用"考虑自己 / 他人的工作"这种处置模式来换位思考。 |
| | 提前预想可能受到的批评，做好心理准备。 |
| | 批评最需要被倾听。当人们提出批评性的建议时，您要关注它的实质，而不是表面上的评价。 |
| 理由 | 好的设计依赖于反复的修改、评审以及提炼。批评是至关重要的一环。 |

# 直面风险

时刻准备着把握设计过程中的各种机会。也要时刻准备着承担失败的责任。

| | |
|---|---|
| 品质 | 具体明确的责任。 |
| 做法 | 表达决心之前，先要明确地表示自己愿意接受任务带来的各种风险。 |
| | 当别人面对风险的时候，要伸出援助之手，而不是冷眼旁观。 |
| 理由 | 设计项目从来都不是一个点对点的事务，上一个步骤很简单，下一个步骤就可能充满变数。好的设计要求设计师直面风险。也许这很可怕，但是负责任地承担起相应的风险绝对是值得的。 |

## 依据结果选用工具

在选用工具、技术、应用程序等手段时，要确保它们对项目真正有用。矢志不渝地坚守一样工具的前提是充分细致的分析论证。

| | |
|---|---|
| 品质 | 清楚明了的定义。 |
| 做法 | 不能迷信任何工具或手段，要试图搞清楚它们对于项目进展有什么益处。 |
| 理由 | 针对具体的事务选用特定的工具有助于推动进程，也更容易从整个团队范围内获取相应的支持。 |

## 鼓励跟随性的沟通方式

要允许一些随机的、自发的对话和评审活动，即使它们会打断别人的工作。人们可以停下手头的工作来处理别的事务，通过电话或其他一些通信手段与别人展开互动。

| | |
|---|---|
| 品质 | 清楚明了的定义。 |
| 做法 | 注意看日程安排，有些活动是忌讳被干扰的。 |
| | 采用多种沟通渠道，让团队成员能够自由地同他人交换思想。 |
| 理由 | 创意和团队的活力依赖于自发性和自主性。现代办公环境不应该成为沟通的障碍。很多时候创新的过程都需要非常及时的反馈。 |

# 参与直接对话

通过对话和问答来说明概念、设计需求，或项目的其他方面。不能用间接的方式来处理所有的事务，要鼓励团队成员更多地采用直接的交流方式。

| | |
|---|---|
| 品质 | 清楚明了的定义。 |
| 做法 | 不管您是否有责任提交观点，都应该积极参与会议并准备好多个问题。 |
| | 别让自己成为伏案的工作狂，只要您认为有必要对话沟通，那就别犹豫，马上拿起电话，或者立刻点击同事的头像吧。 |
| | 坦白地承认您需要一些灵感，或是需要一些帮助。 |
| 理由 | 很多不经意的对话对创意的产生和论证至关重要。对概念或方法进行讨论是一个很有价值的过程。 |

# 善于调动各种感官

具体来说，就是要把视觉和听觉都利用起来。不仅要使用语言沟通，还要加上图片等内容，让大家尽可能地参与到讨论中来。

| | |
|---|---|
| 品质 | 清楚明了的定义。 |
| 做法 | 筹划会议的时候不仅要考虑到会上会说些什么，还要考虑到可能展示些什么内容。 |
| | 使用幻灯机或投影仪把草绘概念图投射到墙上。 |
| | 注意切换图片内容的节奏，尤其是那些重要的内容，要给人们留足够的时间去仔细看。 |
| 理由 | 人们往往会把注意力首先集中到视觉上。当他们充分参与到讨论中时，就能够提供更多成熟的意见。 |

## 建立角色定义

　　确保团队中的每个人都清楚自身的职责。不论他是关键角色成员，还是普通的参与者，都值得您花点时间搞清楚。例如在客户见面会上，搞清楚哪个人负责向客户说明哪个问题，并要求每个人承担起自己的义务。

| | |
|---|---|
| 品质 | 清楚明了的定义。 |
| 做法 | 如果您无权分配每个人的角色，那么就搞清楚每个人的职责所在。 |
| | 提前采取措施避免职责重叠或矛盾。 |
| | 坦然地放弃一些责任：如果您的职责被分割出去一部分，那么不必担心您会被项目完全排斥在外。 |
| 理由 | 协作意味着每个人各负其责，而前提条件是每个人都清楚自己的定位。 |

## 留给别人改正的空间

　　人非圣贤，孰能无过？团队成员有改正自己错误的权利。

| | |
|---|---|
| 品质 | 彼此尊重的氛围。 |
| 做法 | 团队成长的价值等同于项目完成的质量。 |
| | 主动帮助同事意识到自己的错误。（别简单地理解为居高临下的指责。） |
| | 提前发现潜在的风险并寻求一个纠正它们的机会。 |
| 理由 | 当人们意识到自己的错误并改正之后，他们会成为更优秀的参与者。当团队见证了每个成员从失败中走出来之后，团队的信任也就建立起来了。 |

# 制定一个沟通方案

在团队成员间建立一套用于沟通的参考标准。

| | |
|---|---|
| **品质** | 清楚明了的定义。 |
| **做法** | 采用一个通用的电子邮件模板。 |
| | 建立起使用不同沟通渠道的规则。 |
| | 确定谁能够对不同投资方代表的质疑做出回应。 |
| | 定义同投资方沟通的参考模式。 |
| **理由** | 尽管这种小事看起来无关痛痒，但是为团队整体明确一个通用的行为准则有利于提高沟通的一致性，有助于突出交流的重点。这样一来，团队成员不用分心去揣测不必要的干扰信息。 |

# 制定项目计划

制定一个包含有阶段目标和资源分配情况的项目日程表。明确每个团队成员在每项活动上应花费的时间。

| | |
|---|---|
| **品质** | 清楚明了的定义。 |
| **做法** | 至少您要能回答关于项目的各种问题，通常会涉及人员、资源、时间、地点、依据和方法等。 |
| | 如果您无权制定计划，您至少要懂得提出上面这些问题，以便于了解自己何时该做何事。 |
| **理由** | 项目计划能够围绕业绩表现来明确期望值。凭借这一点，人们能够自发地协调各自的行动。 |

## 建立决策机制

团队决策需要运用一种方式来整合设计工作、项目计划、资源利用，以及其他一些大的要素。决策机制可以是一套流程，也可以是一个人，或者是随便什么东西，只要能够帮助人们做出决策，那么它就成立。

| | |
|---|---|
| 品质 | 清楚明了的定义。 |
| 做法 | 就设计或项目计划建立目标或原则，用于引导决策的过程。 |
| | 指定具体人员对具体决策负责并做出解释。 |
| 理由 | 盲目地追求大同是协作的大忌。协作并不依赖于广泛的一致，它依赖于团队能否迅速有效地做出决策，以及人们是否对决策过程足够了解。 |

## 明确每次讨论的主题

每当您进入到一个讨论中，必须事先搞清楚您想要什么样的讨论结果。

| | |
|---|---|
| 品质 | 清楚明了的定义。 |
| 做法 | 即使您是会议的组织者，要事先准备好一份议程、一个主题列表，甚至是简单的一句话来表明您的目的。 |
| | 如果您不是会议的组织者，要向主办方咨询会议的议程和目的。 |
| | 如果这不是一次正式的会议，那就花点时间考虑清楚您的目的。 |
| 理由 | 毫无章法的讨论是项目失败的根源。没有主题的会议或对话不仅浪费时间，而且对项目进展毫无帮助。 |

## 保持会议的简洁高效

　　商业谈判遵循一条黄金法则：别人的时间和您的时间同等重要。会议的目的不应是"开够 60 分钟才算结束"。

| | |
|---|---|
| 品质 | 彼此尊重的氛围。 |
| 做法 | 会议该结束的时候就别磨叽，别让钟表说了算。 |
| | 把议程和目标明确下来，这样您就知道会议何时应该结束。 |
| 理由 | 除了必要的时间，您没有更多的时间去浪费。 |

## 知道自己何时开始原地踏步

　　要意识到自己的努力何时开始变得徒劳。所谓"原地踏步"，就是说您一遍又一遍地尝试去解决问题，但是依然没有取得实质性的进展。有些人坚持一条道走到黑，直到耗尽所有时间和投资，因为他们的较真不是因为想要解决设计问题，而是为了证明自己。

| | |
|---|---|
| 品质 | 具体明确的责任。 |
| 做法 | 拿出一部分时间（也许只有规定时间的一到两成）来研究任务或问题，之后对这个阶段进行评估。如果进展令人满意，那就继续。如果发现问题比较棘手，走不下去了，那就赶紧寻求他人的协助。 |
| 理由 | 耗尽项目时间和投资是一种不负责任的表现。团队和项目不仅需要有用的人，更需要那些不会被个别问题绊住手脚的人。 |

## 对问题直言不讳

　　如果要对同事提出批评，那么请直截了当，并且有的放矢，直指问题关键。除非对方问起，否则不要直接给出解决方案，应该把目光聚焦到问题本身和原因上。避免做出诸如"对我来说一点用都没有"或"我就是不喜欢"这样的批评。

| | |
|---|---|
| **品质** | 彼此尊重的氛围。 |
| **做法** | 避免大而化之的评价，比如"这样做不好"。 |
| | 当您收到别人提交的设计作品时，根据您的第一印象做出一份评价的详单。 |
| | 敢于务实地开展自我批评。 |
| | 问问设计师需要什么样的建议。 |
| | 别忘了对好的方面做出肯定，这样有利于树立一种权威。 |
| **理由** | 设计概念需要历经反复修改并不断完善，批评是这个过程中的核心机制。令人信服的批评依赖于具体的指向和直接的表达方式。不留情面的批评会损害设计师的感情，不利于他们的成长进步。同样，笼统而又缺乏具体指向的建议对他们也毫无益处。 |

## 扬长避短

　　在角色和任务分配时，要考虑到每个团队成员在技能和个性方面的优势。

| | |
|---|---|
| **品质** | 具体明确的责任。 |
| **做法** | 如果您是项目负责人，要掌握每个人在能力和技艺方面的优势。 |
| | 如果您是参与者，要告诉您的上级您擅长的方面是什么。 |
| | 别打肿脸充胖子，如果某方面是您的短板，那就坦诚地承认。 |
| **理由** | 虽然人们都喜欢挑战，但是他们更喜欢追逐成功。如果他们在项目中自己负责的部分中找不到任何成就感，那么他们也不会全身心地投入到工作中去。 |

# 提供决策的依据

确保每一项决策——无论是关于产品，还是关于计划或项目本身——都有充足的理由作支撑。

| | |
|---|---|
| 品质 | 具体明确的责任。 |
| 做法 | 列举关键的决策并找出推动这些决策的主要依据。 |
| | 建立一个整体的框架、脉络或原则来推进项目进程。 |
| | 在项目一开始，就确定多种不同的标准或指标，以此来助力项目决策，并在整个项目过程中频繁地提及它们。 |
| | 在项目一开始，就为各种活动、成果以及阶段目标设定约束条件和参数。明确地将这些要素告知每一个人，直到大家耳熟能详。如果项目有变化，除非理由充分，否则不要轻易改动或曲解这些规则。 |
| 理由 | 人们更愿意对那些理由充足的决策承担起解释的义务。 |

# 认可别人的贡献

论功行赏。尽管没有必要对每个团队成员的每一项贡献都大张旗鼓地表彰一番，但是如果有人提交了一份特别的创意，或者提出了独到的见解，那就该给他掌声鼓励。

| | |
|---|---|
| 品质 | 具体明确的责任。 |
| 做法 | "这件事归功于小明的建议。" |
| | "当我和小红探讨这个问题时，她提出……" |
| | "尽管大家都很努力，但是只有小强真正切中了要害。" |
| | "谢谢您昨天给我的建议，它的确很有效。" |
| 理由 | 认可人们在项目中所作出的贡献能够树立起他们对于团队的的归属感。对于好的协作行为予以褒奖，能够树立起一种正确的导向，鼓励人们参与协作的积极性。这种做法要有侧重，如果是一碗水端平，那么意味着"大家都一样，没谁比别人更优秀"。 |

# 尽量避免竞争

在设计活动中，要尽量减少能引发设计师们对抗的活动。鼓励人们齐心协力，而不是争先恐后。

| | |
|---|---|
| 品质 | 具体明确的责任。 |
| 做法 | 如果项目设计多个设计方向或概念，要确保大家共同努力来解决问题。 |
| | 如果每个人独立负责一个设计方向，要让他们并肩工作，这样他们就可以彼此提供反馈并互相汲取灵感。 |
| | 根据各自的任务赋予每个人相应的权力，这样一来，即使有人同他展开竞争，最终也只可能有一个人站出来负责任，换句话说，最终解释权落在其中一个人头上。 |
| 理由 | 只要有竞争，就会有输赢。输家感到像投资失败一样，不会再投入更多的精力。一旦人们感到自己的贡献有意义，不论自己的角色如何，他们都会做得更好，并乐于支持他人追求项目目标。 |

# 反思自己的表现

在项目或任务中花点时间去反思自己的表现。找到那个能让您表现得更好而且更能体现您优势的领域。找出下一次能够换个做法去尝试的事情，以及今后要吸取的教训。

| | |
|---|---|
| 品质 | 彼此尊重的氛围。 |
| 做法 | 邀请一个项目之外的人来评价您的工作表现。毕竟旁观者的意见会更加客观。 |
| | 回顾那些个性特质（参见第 10 章），从零开始审视您个性中的某些方面，也许对您的表现有所帮助。 |
| | 重新再现具体的现实情境，找出那个最让您情绪焦躁的关键点。 |
| 理由 | 最优秀的参与者对他们自己的能力、缺点以及潜力都有着异常敏锐的直觉。这种意识能让他们根据自己的表现设定合理的期望值。 |

# 尊重日程安排

通过一个共同遵守的日程表，您能够看出一个队友的价值。利用日程来安排任务和活动的时间。不要让会议随意挤占其他活动时间。

| | |
|---|---|
| **品质** | 彼此尊重的氛围。 |
| **做法** | 把日程表当做您所有行动的核心参考。 |
| | 合理规划任务时间，确保您有足够的时间工作。 |
| | 在安排讨论之前先查看大家的日程安排。 |
| | 不要以为您的会议比别人的日程安排更重要。 |
| | 拒绝那些试图扰乱您工作时间的人。 |
| **理由** | 优秀的合作者会尊重彼此的时间，在安排各项活动之前都会充分地考虑周全。 |

# 估计对方的动向

利用各种交流工具来确认对方的活动状态。

| | |
|---|---|
| **品质** | 彼此尊重的氛围。 |
| **做法** | 共享的日程表能够让团队掌握每个人的动向和时间安排。 |
| | 一定要抽出时间来查阅日程安排。 |
| | 通过即时通讯软件来确认对方是否有空："空闲状态""开会中"或者是"请勿打扰"。 |
| | 通过电子邮件来提醒大家无法同您取得联系的时间（个人时间），以及不能参与工作的主要原因（出差、休假）。 |
| | 一旦联络中断，要尽快通知团队。 |
| | 如果没有空，要告诉对方什么时候有空。 |
| **理由** | 项目的协调基于团队成员的在位情况。而协作取决于更加随意的交流方式，因此同事们应该彼此告知自己的工作可否被打断。 |

# 对表现作出估计

　　清晰的交流能够让工作和任务很好地完成。重点关注潜在的风险，适时地提醒人们关注阶段性目标和最终时限。

| | |
|---|---|
| **品质** | 彼此尊重的氛围。 |
| **做法** | 毫无隐瞒地说明任务所需的时间。 |
| | 要求对任务作出阶段划分。 |
| | 如果任务需要大量的时间，要征求他人的意见。 |
| | 清楚任务不能按时完成的后果。 |
| | 询问明确的范围和其他任务要素，确保估计的准确性。 |
| | 诚实、坦率地解释一切关于表现的定义，例如能力、才干或竞争优势。 |
| **理由** | 协作依赖于详尽的计划，与此同时，又要求人们对任务的完成能力有一个清醒的认识。 |